片上网络及其仿真验证方法

闫改珍　著

武汉理工大学出版社

·武　汉·

图书在版编目（CIP）数据

片上网络及其仿真验证方法 / 闫改珍著. -- 武汉：武汉理工大学出版社，2025.4. -- ISBN 978-7-5629-7396-6

Ⅰ. TN914

中国国家版本馆 CIP 数据核字第 2025UD4499 号

片上网络及其仿真验证方法

PIANSHANG WANGLUO JIQI FANGZHEN YANZHENG FANGFA

责 任 编 辑：尹珊珊

责 任 校 对：严　曾

排 版 设 计：正风图文

出 版 发 行：武汉理工大学出版社

社　　　　址：武汉市洪山区珞狮路 122 号

邮　　　　编：430070

网　　　　址：http://www.wutp.com.cn

印　　　　刷：武汉乐生印刷有限公司

经　　　　销：各地新华书店

开　　　　本：710×1000　1/16

印　　　　张：13

字　　　　数：251 千字

版　　　　次：2025 年 4 月第 1 版

印　　　　次：2025 年 4 月第 1 次印刷

定　　　　价：78.00 元

前　言

在产业应用和企业发展的共同推动下,高性能计算逐渐深入金融、制药、交通、银行、教育、科研等诸多领域。增加处理器的内核数目,使用简化流水线的处理器内核构建并行计算的多核片上系统,已成为当前公认的提高处理器性能的有效方法。片上网络(networks on chip,NoC)因其并发通信技术而具有较高的通信带宽及吞吐率,而成为众核互连系统的有效解决方案。

自从 2014 年考取南京航空航天大学博士研究生后,我有幸追随吴宁教授开展 NoC 这一前景广阔的研究课题。随后,协助导师撰写国家自然科学基金重点项目建议书《基于光电混合互连网络的 3D 众核处理器架构》,并被国家自然科学基金委员会信息科学部采纳。光互连技术、3D 集成技术、众核系统、片上网络互连架构显然是业界研究热点。然而片上网络互连架构涉及的内容纷繁复杂,为了便于初入 NoC 研究领域的研究者迅速掌握研究问题,切入研究要点,我决定编写此书。

同时,随着新概念、新理论的出现,入门者面临的挑战还包括如何使用现有开源软件验证与课题相关的最新研究方案的问题。若编程技能和计算机运用能力有所欠缺,则从开发环境的构建、代码的改造、代码的编译、代码的调试再到数据结果的生成和可视化均需要投入大量的精力和时间,从而延缓科研产出。仿真环境是对互连架构的模拟,不仅可以用于创新设计的验证,还可以结合文献知识,更快地理解设计思想。本书的新颖之处在于不仅对业界已有研究工作的介绍、分析与总结,还详细介绍了几种常用片上网络仿真环境的安装、使用及代码重写方法。

本书第 1 章是片上网络概述,介绍了片上网络的结构、性能指标和设计问题,帮助读者了解 NoC 的基本概念。第 2 章介绍了三维集成与三维片上网络,并重点对三维片上网络的设计问题进行了描述。第 3 章和第 4 章分别介绍 Noxim 和 AccessNoxim 两个片上网络仿真环境的使用方法,并结合代码解读帮助读者理解拓扑构建、路由策略、选择策略等基本概念。Noxim 较为简单,更易于学习片上网络的组件和架构;而 AccessNoxim 则是 Noxim 的升级版本,可以实现 3D NoC 的热流互耦仿真,以验证散热管理机制的有效性。第 5 章和第 6 章介绍了两种散热管理机制,涵盖了问题分析、方案设计和验证等科学研究的基本环节。第 7 章基于 Booksim 仿真环境详细阐述了四层流水线路由器的微结构。第 8 章分析了片上网络通信质量管理的设计需求,并对现有的主流技术进行了评述。第 9 章介绍了硅光器件和光片上网络的设计问题。第 10 章介绍了一种光电混合片上网络的优化设计方法。

本书在涵盖片上网络研究框架的基础上，重点突出三维片上网络的散热管理机制、片上网络的通信质量管理机制及光片上网络的功耗优化问题。本书试图为 NoC 初学者提供一本入门级的理论研究和仿真实践的工具用书，书中第 5 章、第 6 章和第 10 章为作者博士在读期间所做的研究工作，最新的科研动态还需要通过跟踪文献获取。虽然经过多次审校，仍不免有疏漏之处，盼及时反馈，共勉。

本书出版之际，衷心感谢导师吴宁教授的指导，感谢工作单位安徽科技学院的资助，感谢家人的理解和陪伴！

作　者
2025 年 1 月

目　　录

1

第1章　片上网络概述

1.1　为什么需要片上网络

在产业应用和企业发展的共同推动下,以深度神经网络为代表的人工智能技术逐步成熟,大幅跨越了科学与应用之间的"技术鸿沟",图像分类、语音识别、知识问答、人机对弈、无人驾驶等人工智能技术实现了从"不能用、不好用"到"可以用"的技术突破,迎来了爆发式增长。人工智能技术正在深刻地改变人类的生产和生活方式,如同蒸汽时代的蒸汽机、电气时代的发电机、信息时代的计算机和互联网,人工智能正成为推动人类进入智能时代的决定性力量[1.1]。

全球产业界充分认识到人工智能技术引领新一轮产业变革的重大意义,纷纷转型发展,布局人工智能创新生态。自 2017 年起,人工智能被纳入历年的政府工作报告中,从关注作为战略性新兴产业的人工智能产业本身,转变为同时强调人工智能技术对传统产业的赋能升级和"智能＋"理念下人工智能产业的融合应用。

然而,人工智能技术的发展和应用依赖于大量数据的快速分析与处理,如何充分挖掘处理器的计算能力已成为学术界和工业界研究的焦点。随着半导体器件尺寸接近其物理极限,单纯依靠减小工艺尺寸带来的性能收益已趋缓,处理器架构的改进成为提升其计算能力的重要途径。计算性能不断提升的潜在需求驱动着处理器架构的发展呈现出以下两大特征。

1.1.1　片上集成的处理器核数不断增长

通过改善单个微处理器的架构带来的性能提升受到波拉克法则(Pollack's rule)的制约:处理器内核的逻辑复杂度加倍仅能带来约 40％的性能收益。相比较而言,多核处理器的性能有可能随着硬件复杂度线性提升,例如,由两个简单核构成的双核系统可以带来 70％～80％的性能收益,远超过将单核硬件复杂度加倍所带来的性能提升[1.2]。增加处理器的内核数量,利用简化流水线的处理器内核构建并行计算的多核片上系统(multi-core system on chip),已成为当前公认的提高处理器性能的有效方法。早在 2001 年,IBM 公司就推出了首款商业化的双核处理器 POWER4[1.3];2005 年,SUN 公司设计的服务器处理器 Ultra SPARC T1 单片集成了 8 个处理器核[1.4]；Intel 公司于 2008 年和 2010 年分别推出了 80 核[1.5] 和 48 核[1.6] 的处理器原型；2009 年，Tilera 公司推出了全球首款商用 72 核微处理器 TILE-Gx72[1.7]；我国在 2016 年成功研制了 260 核处理器 SW26010[1.8]；加州大学戴维斯分校于 2016 年研发了首个千核处理器 KiloCore[1.9]。多核处理器将遵循新摩尔定律（new Moore's law），内部集成的核数以每 18 个月翻一番的速度增长[1.10]。可以推断，基于多内核处理器的众核片上系统（many-core system on chip）是下一代处理器设计的发展方向。

1.1.2　片上集成的计算核向异构化发展

新兴信息技术与人工智能技术的蓬勃发展引入了大量非结构化数据线性代数计算，计算量大且控制流程单一，易于通过大规模并行运算实现加速，其将与传统的具有复杂逻辑分支的串行计算并存于应用系统中。高性能计算的核心在于处理器架构与具体应用计算特征的匹配程度，片上集成不同架构类型的核分别与不同特征的数据计算相匹配，形成异构多核处理器，这将有助于提升整体性能。Intel 公司发布了 CPU/GPU 异构处理器 Skylake[1.11]；NVIDIA 公司发布了 CPU/GPU 异构处理器 Tegra X1[1.12]；AMD 公司发布了 CPU/GPU 异构处理器 Carrizo[1.13]；欧盟 Horizon 2020 年资助的 MANGO 项目对深度异构的多核处理器架构展开了研究，其架构由 GPU 与 CPU 等通用计算节点和 FPGA 构成的专用计算节点组成[1.14]；AMD 等公司组建了异构系统架构（HSA）联盟以推动异构计算性能的优化，并发布了 HSA 规范。内核异构正成为处理器发展的趋势，并在新兴信息技术与人工智能技术领域得到广泛应用。

处理器核数的不断增长与计算核的异构化，使得片上互连系统需要具备通信并发性和核兼容性。与总线互连相比，片上网络（networks on chip，NoC）因其并发通信技术和非阻塞数据交换技术而具有更高的通信带宽及吞吐率，能够较好地满足异构众核片上系统的互连通信需求；而其资源节点通过网络接口实现的数据传输方式也能很好地隐藏异构核差异的通信机制。这是新一代处理器互连架构的有效解决方案。

1.2　片上网络简介

基于 NoC 的众核系统由资源节点（process element，PE）和路由节点组成，如图 1.1 所示。资源节点包含运算核、指令 Cache 及数据 Cache，并通过网络接口单元（network interface，NI）接入由路由器（router）构成片上互连网络。

其中，路由节点主要由输入端口缓存、交叉开关和路由计算、虚通道分配和开关分配等控制逻辑组成。资源节点之间的数据交互一般通过虫孔（worm hole）交换技术实现，数据包在网络接口单元中被分割成固定大小的微片（flow control unit，

Flit)。到达路由器时,数据包会暂存于输入端口缓存,然后根据头微片中提供的流控信息依次完成路由计算、虚通道分配及交叉开关分配,最终实现数据在路由器间的接力转发。

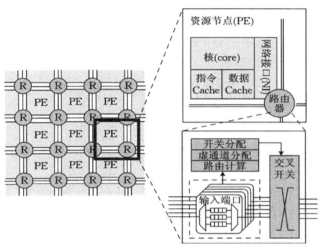

图 1.1　基于片上网络的众核处理器架构示意图

NoC 为众核片上系统提供互连架构,因此,评估 NoC 性能的指标主要包括网络延时、吞吐量、能耗开销及面积开销等。NoC 的优化设计过程,就是不断追求更快的传输速度,更高的链路利用率和信息吞吐率,以及更低的面积开销和功率消耗。

1.2.1　网络平均延时

网络延时是指信息从源节点注入网络到被目的节点接收所需的总时间。由于具体的网络延时通常与系统使用的时钟频率有关,为了评估 NoC 架构本身对信息传输延时的影响,常用信息完成一次传输所需的时钟周期数来表示。一次信息传送必然经过三个环节:源节点组包发送、目的节点解包接收及源节点与目的节点之间的路由转发,单个数据包的通信延时是指上述 3 个环节产生的延时之和。

在实际的片上通信场景下,不同通信流所涉及的源节点与目的节点的距离不同,网络各节点的通信负荷也不同,因此每个数据包产生的通信延时存在较大差异。通常采用如式(1.1)所描述的网络平均延时来衡量整个片上网络的延时特性。

$$L_A = \frac{\sum_{i=1}^{N} L_i}{N} \tag{1.1}$$

式中,L_i 为单个数据包的通信延时;N 为统计时间段内数据信息的总量。

1.2.2 饱和吞吐量

饱和吞吐量是衡量网络整体链路利用率的重要指标。吞吐量指的是单位时间内网络接收或发送的消息量。在网络负荷较小时，网络中接收的消息量通常等于注入网络中的数据量，但当网络负荷较大时，可能会有消息因网络饱和而无法注入网络。由于网络中收发数据的总量还与 NoC 中的资源节点数量有关，吞吐量通常用单位时间内单个资源节点平均接收的微片数来度量，用单位 flits/node/cycle 表示，计算公式为：

$$T = \frac{\sum_{i=1}^{N} F_i}{N \cdot T_c} \tag{1.2}$$

式中，F_i 为每个资源节点在观测时间 T_c 内接收的微片总数；N 为片上网络中资源节点的总数。

1.2.3 功耗

NoC 的功耗来源包括动态功耗和静态功耗。静态功耗通常与所采用的技术工艺及拓扑中链路上的片上资源有关；而动态功耗则与拓扑链路中信息的翻转情况有关。准确捕捉信息的翻转情况非常困难，因此在评估 NoC 的功耗时，通常先提取特定技术工艺下路由节点转发一个数据微片所带来的能耗，然后再通过所有路由节点转发的微片数来计算特定时间段内的动态功耗。

1.3 片上网络的设计问题

NoC 的研究问题可以归纳为 4 个不同层次：应用程序建模、NoC 通信架构设计、NoC 通信架构性能仿真以及 NoC 架构的设计验证与综合。NoC 互连架构是资源节点间信息传输的载体，是整个众核系统架构的重要组成要素之一，如同构与异构核、同步与异步时钟、内存控制器、I/O 设备，以及运行于系统之上的应用程序等，都会显著影响 NoC 通信负荷及其流量分布。为应用系统及应用程序建立良好的数学模型有助于在特定的性能和功耗约束下，找到匹配的设计架构。换言之，NoC 的性能评估应在特定的流量模型下进行。

在将 NoC 架构设计转化为设计原型并进行设计验证与测试之前，需要先通过建立性能模型，对所设计架构的吞吐率、时间延迟、功耗、容错率等关键性能指标进行仿真和评估，从而为设计者提供有价值的信息反馈，并协助完成决策优化。一个完整的

NoC 架构设计流程涵盖众多环节,幸运的是,经过二十多年的努力,业界已经形成了被广泛认可的流量模型和性能模型,并将其集成在仿真环境中。这些仿真环境大多以开源形式发布,为设计者快速开展 NoC 架构设计的相关研究工作提供了便利条件。下文将重点阐述 NoC 架构设计中的主要设计问题。

1.3.1　拓扑设计

拓扑结构定义了网络内节点的互连形式,对系统性能和芯片面积具有明显的影响。NoC 拓扑结构优劣的衡量标准通常以系统实现的成本和性能为基础,除了要考虑网络设计所关心的节点数量、边的数量、网络维度、网络直径、平均距离和对分宽度等指标外,还要考虑系统的性能指标,如消息吞吐量、传输延迟、功耗和芯片面积等。

NoC 拓扑结构可分为规则结构和不规则结构两大类。常见的规则结构有二维网格(2D Mesh)结构、二维环绕(2D Torus)结构、胖树(Fat Tree,FT)结构、蝶形胖树(Butterfly Fat Tree,BFT)结构、八角形结构、三维网格结构等;不规则结构是根据应用定制的专用网络或由规则结构组合而成的。其中,规则结构因硬件实现简单、网络扩展性好等优点而被广泛采用。图 1.2 展示了 2D Mesh、2D Torus 和 BFT 3 种拓扑结构。

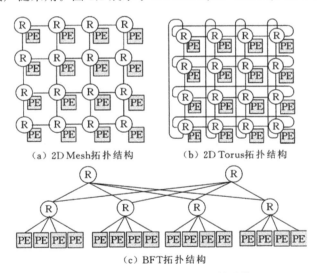

（a）2D Mesh拓扑结构　　（b）2D Torus拓扑结构

（c）BFT拓扑结构

图 1.2　3 种较常见的规则拓扑结构

3 种拓扑结构中,2D Mesh 拓扑结构的布线最为规则,每个路由节点有 5 个端口,分别连接上、下、左、右 4 个路由器和资源节点。2D Mesh 拓扑结构中,最远通信跳数为 $X+Y-2$,其中,X 和 Y 分别为水平维度节点数与垂直维度节点数。2D Torus 拓扑结构在 2D Mesh 拓扑结构的基础上,将每行和每列的首尾进行了互连,从而形成一个圈,相比 2D Mesh 拓扑结构,最远通信跳数降低了一半,路由端口数没有增加,但引入了长连接。BFT 拓扑结构中,树的叶子表示资源节点,非叶子表示路由节点。路由节点的硬件复杂度大致与端口数的平方成正比,为控制片上路由节点带来的硬件开销,在这种结构中,每个路由单元有 4 个向下端口连接子节点、2 个向上端口连接父节点,树的层数由资源节点的数目决定。在这种结构中,连接在不同路由节点上的资源节点间的通信距离均为 3 跳,但向上通信的链路带宽所有节点共用,在网络繁忙的情况下更容易发生阻塞。

1.3.2 任务映射与任务迁移

一个运行于多核系统的应用通常由一系列的并发任务构成,这些并发任务将被分配到 NoC 的资源节点,如图 1.3 所示。在分配过程中,通常用通信流图描述各个任务之间的通信需求,如图 1.3(a)所示;而 NoC 各个资源节点间的连接情况则通过拓扑图描述,如图 1.3(b)所示。显然,分配方案不同,产生的核间通信情况就不同,从而影响通信延时、功耗等性能。

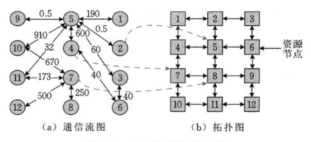

（a）通信流图　　　　（b）拓扑图

图 1.3　NoC 任务分配问题

任务分配有任务映射和任务迁移两种。任务映射通常是离线完成的,将任务流图及拓扑图作为输入,延时、功耗等性能指标作为约束,采用蚁群算法、模拟退火算法、遗传算法等优化方法找到任务与资源节点间的最佳映射方案。该技术路线不受优化时间与片上资源的限制,适用于任务流图与拓扑图都固定的场景。而任务迁移则常是在线完成的,当片上通信负荷动态变化,或因能耗管理、温度管理、节点故障使拓扑结构发生变化时,进行任务再分配。由于在线完成,任务迁移策略的复杂度不能太高,以降低决策模块的硬件资源开销,并满足策略执行的实时性需求。

1.3.3 包交换机制

NoC 的包交换机制主要有虫孔交换和电路交换两种。在虫孔交换机制下,待传输的数据包由固定大小的数据微片构成,微片是消息的流控单位,一般只有几个字节大小,而一个数据包通常包含 2~8 个微片。微片分为头微片和数据微片,数据包头微片包含目的节点编号和路由控制信息,用于在路由单元中建立数据传输路径,其后的数据微片经过建立的路径依次传送到目的节点。而电路交换机制是一种面向连接的交换机制。首先从源节点到目的节点分配通道并建立传输路径,随后沿着该路径发送数据,当没有数据需要发送时,数据传输链路被释放。

在虫孔交换机制下,路由单元的输入输出缓存区不再需要存储数据包,只需存储几个微片即可,这样可以构造更紧凑的路由单元来满足 NoC 的面积约束。同时,在数据传输过程中,通过头微片寻径,当整个数据包的所有微片都通过路由器时,即可释放路由器的资源,因此虫孔交换可以获得更高的链路利用率。其不足之处在于,路由是分布式完成的,易形成局部通信热点,并影响单个数据流的通信质量,如最小带宽、最差延时等不能保障。而电路交换的优点是在数据传输过程中不需要进行路由选择,传输延时小,并且数据是按序到达目的端,适合批量传输且实时性要求高的应用场景。但在整个消息发送期间都要保留电路连接,使链路利用率低,且建立和释放连接浪费额外时间,缺乏灵活性,不适合突发数据的传输。

1.3.4　路由策略

路由策略用于确定一个数据包从源节点沿什么路径传输到目的节点。依据路由算法是否随网络通信量或拓扑自适应地调整变化,路由算法可以分为确定性路由和自适应路由两类。在确定性路由方式下,电路设计相对简洁,能在负载较轻和负载均匀的条件下较好地工作,但在负载加重时性能会下降。自适应路由涉及动态分布机制,能很好地适应网络状态的变化,但算法较确定性路由复杂,开销也更大。路由算法还应有效地解决死锁、活锁及饿死问题。NoC 路由算法与拓扑结构密切相关,在 2D Mesh 拓扑结构中,开销较小的是确定性、最短路径的无死锁维序路由算法,即 XY 维序路由算法。2D Mesh 拓扑结构下的 XY 维序路由算法如图 1.4 所示。

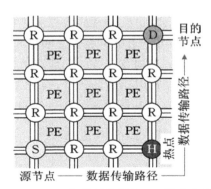

图 1.4　2D Mesh 拓扑结构下的 XY 维序路由算法

XY 维序路由的一个实现思路是将 2D Mesh 拓扑结构分解为 X、Y 两个正交的维度,通过计算各维上的偏移量之和得到当前节点和目的节点之间的距离。XY 维序路由算法首先从 X 维开始计算路由方向,每路由一步,偏移量减 1,在当前维的偏移量减为 0 后,才计算下一维的偏移量,当两维的偏移量均减到 0 后,说明数据包已经抵达目的节点,路由过程结束。显然,若在源节点到目标节点的传输路径上存在流量热点,因链路资源争用将产生较大的传输延时。

1.3.5　通信质量管理

当片上互连网络互连规模较大时,若仅考虑互连网络的整体性能,而忽略个体流的通信行为,节点的最大吞吐量与最小吞吐量的差距会随互连网络直径的增加而增大,在通信带宽总量固定的情况下,必然会导致部分节点过度占用通信资源,而其他节点通信带宽不足的问题。事实上,在 NoC 架构下,只有当所有共享通信资源统一进行管理时,才能使个体流的通信质量得以保障,局部通信资源分配的公平性,并不能保证全局通信的公平性。例如,使用 Round Robin 服务的路由器构成的 n 维网络中,距离为 N 跳的节点间通信带宽是整个链路带宽的 $1/(2n)^N$,而距离为 1 跳的节点间通信带宽是整个链路带宽的 $1/(2n)$[1,15],如图 1.5 所示。

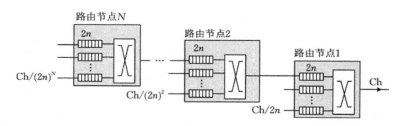

图 1.5　Round Robin 服务下不均衡的全局带宽分布

在路由器的输入端口,为每个数据流设置服务队列,并以 Round Robin 的方式为每个数据流提供服务可以对共享链路带宽的数据流进行有效的性能隔离,实现公平服务;若依据每个数据流的服务需求确定服务速率则可以实现差别服务。然而,这一机制需要每个数据流提供服务队列及复杂的调度逻辑,其硬件复杂度随着数据流的增加而增加,在大规模 NoC 互连应用的场景下,会带来显著的硬件开销与延时开销。因此,在大规模 NoC 中实现低开销的通信质量控制机制,满足个体流的通信需求是需要研究的问题。

1.3.6　功耗与温度管理

由于包交换速度较快,NoC 带来的通信功耗是整个片上系统总功耗不可忽略的组成部分,有文献表明这一比例为 $30\%\sim40\%$。当片上流量分布不均匀时,可能会产生路由节点局部过热问题,形成所谓温度热点。NoC 是所有资源节点的共享通信资源,网络中单个路由节点的散热管理操作会对全网的通信行为产生影响;反之,当 NoC 中的通信负荷动态变化时,路由节点的温度分布也会随之变化,形成热/流互耦效应。在绝大多数场景下,散热管理问题可以转化为功耗管理问题,即通过降低功耗或均衡功耗分布来解决 NoC 的散热问题。

散热管理技术大致可以分为两类:空间散热管理机制和时间散热管理机制。空间散热管理机制通过自适应路由实现 NoC 通信流量的均衡分布,当出现温度热点时,空间散热管理机制将通信流迁移至具有较低温度或较高散热效率的区域,最终均衡 NoC 的温度分布并加强散热。时间散热管理机制则采用时钟门控、动态调频等策略降低部分过热路由节点的包交换速度,以达到散热目的。无论是空间散热管理还是时间散热管理,都会导致路由节点不能全速工作,即带来通信性能的下降。因此,虽然两类散热管理机制所采用的技术手段不同,但设计目标是一致的,即在保障芯片热安全运行的前提下,尽可能减小散热管理带来的性能损失。

1.4　大规模片上网络

1.4.1　片上网络的可扩展性问题

片上网络的逐跳通信机制有助于提高互连系统内的通信并发性,但随着网络规模的增大,在传统二维平面内的通信将带来不可忽略的通信延时与功耗。例如,在 16×16 Mesh NoC 拓扑下,采用经典四级流水线路由架构,最大零负荷延时可达 128 cycles;在 60nm 尺寸下,Intel 80-Core Teraflops 原型机中,通信功耗约占总功耗的 28%;在 45 nm 尺寸下,工作在 2 GHz 的 48-Core Mesh CMP 产生的通信功耗约为 12 W;在 32 nm 尺寸下,KiloCore 路由转发一个微片的能耗约为执行一条指令能耗的 50%。随着工艺尺寸的缩小及众核规模的增大,互连延迟及功耗问题将更加突出,这是由电互连固有的工艺约束所致,物理尺寸缩小带来的互连延时与功耗收益不能与逻辑器件相匹配,如图 1.6 所示。

大规模片上网络互连的另一个突出问题是,当大量资源节点并发众多通信流争用同一通信路径时会产生严重的带宽竞争,分布式的仲裁机制使网络行为与运行在处理器核之上的应用程序的性能出现不可预测性,无法保障特定应用的服务需求。笔者在热点流量模型及饱和注入率下,对 256 节点 2D Mesh NoC 中每个节点的实际数据发送速率进行跟踪,结果如图 1.7 所示。

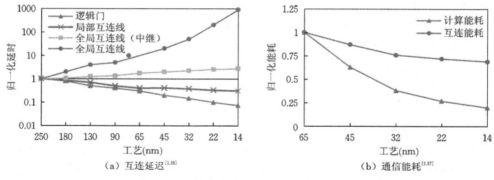

图 1.6　工艺演进对互连延迟与能耗的影响

（a）互连延迟[1.16]　　　（b）通信能耗[1.17]

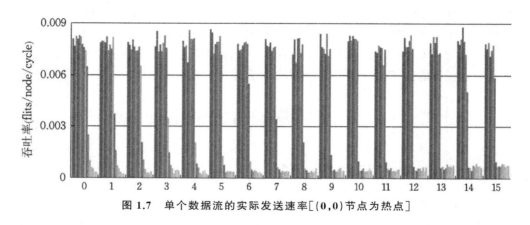

图 1.7　单个数据流的实际发送速率[(0,0)节点为热点]

　　在图 1.7 所示实验中,每个节点的注入率相同,但实际吞吐率却存在很大差异。通信距离越远,资源争用环节越多,通信的公平性越难以保障。通过构建网络直径较小的拓扑结构,可以有效减少通信过程中的带宽争用环节。但降低网络直径,意味着更大的网络节点深度,在拓扑规模较大时,将导致路由节点的端口数攀升,而路由器的面积和功耗开销与其端口数的平方成正比,从而导致较大的路由面积开销。同时,降低网络直径并不能减小全片互连线的总长,当网络直径降低时,路由节点间的互连线变长,从而形成长连接,不利于布局布线。此外,由图 1.6(a)知,长连接若不采用中继器,则其延时将远高于局部互连线;而采用中继器可降低通信延时,但会增加通信额外的功耗。因此,在传统大规模二维片上网络中,很难通过降低网络直径来兼顾通信质量的可控性与通信的延时及功耗。

　　通信延时、通信功耗及通信的可控性是大规模片上网络互连中突出的设计问题。以功耗、性能及可预测性(power/performance/predictability,PPP)为优化目标,以减小网络直径为出发点,大规模片上互连网络沿 3 条不同的技术路线进行了演化,即三维片上网络、光互连片上网络和无线片上网络。

1.4.2 三维片上网络

三维集成技术(three dimensional integration technology)将多个晶片(die)在垂直方向堆叠,层间通过高速且高密度的硅通孔(Through Silicon Vias,TSV)相连,从而有效缩短全片内连线长度,为多核片上系统互连架构的设计提供了新的维度[1.18]。三维片上网络(3D NoC)是三维集成技术与片上网络互连技术的有机结合,通过为路由器增加垂直端口实现相邻层内节点的通信,而各个资源节点则可以保留原有的二维集成工艺。因此,3D NoC 兼具 3D 集成和 NoC 互连的优点,在降低通信延时和功耗的同时,系统的可扩展性得到了增强。较为常见的是 3D Mesh NoC 架构,如图 1.8(a)所示。

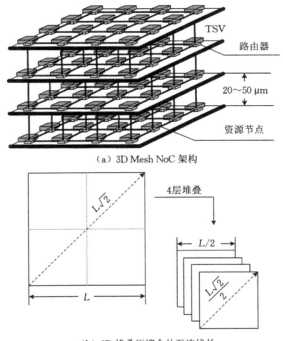

(a) 3D Mesh NoC 架构

(b) 3D 堆叠压缩全片互连线长

图 1.8　3D Mesh NoC 架构及 3D 堆叠对全片互连线长的压缩效果

在 3D NoC 架构中,将资源节点分布于不同的有源器件层,每个水平层内各资源节点采用 2D NoC 拓扑结构,不同层内的资源节点则通过 TSV 实现互连。与芯片的水平尺度相比,3D NoC 架构的层间间距为 $20\sim50~\mu m$[1.19],通常可以忽略不计。同等互连规模下,3D 堆叠将使全片互连线长约压缩堆叠层数的平方根。如图 1.8(b)所示,当堆叠层数为 4 层时,全片互连线长度约为二维平面下全片互连线长度的 $1/\sqrt{2}$。由于全片互连长度得到有效压缩,3D NoC 的各核间平均距离相比 2D NoC 明显降低,从而使得大规模片上互连下的延时与功耗特性得到同步改善,片上网络的可扩展性大大增强。

3D 堆叠技术下片上网络的可扩展性得到有效改善,但由于在垂直方向堆叠了更多晶片,使得 3D NoC 的功率密度与热传导长度相比 2D NoC 显著增加,片上温度迅速升高,而温度升高会使器件的漏电流增大,并推动片上温度不断攀升,最终可能导致系统进入热失控状态[1,20]。同时,片上不均衡的通信量和计算量很容易引起局部热点,导致芯片局部过热而缩短芯片使用寿命,甚至损坏芯片。

1.4.3 光互连片上网络

片上光互连以波导为信息传输载体,通过对激光源提供的载波信号进行调制与探测,实现信号传输,是突破传统二维电互连延时、功耗与带宽瓶颈的前沿技术。在光波导中,信号以 11 ps/mm[1,21] 的速度快速传输;通过波分复用技术,光互连的带宽密度可以扩展到 320 Gb/(s · μm)[1,22] 以上;而其与距离无关的数据相关能耗特性则使其在远距离通信中具有电互连无可比拟的优势,因此更加有利于构建大规模的片上互连网络。基本的光互连传输链路组成如图 1.9 所示。

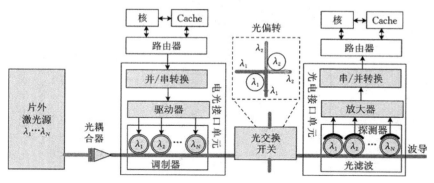

图 1.9 基本的光互连传输链路组成

激光源提供通信所需不同波长的载波信号,并通过光耦合器将光信号耦合至片上波导,使用波分复用技术,同一波导内可以实现不同波长信号的并行传输。微环谐振器(micro-ring resonator),是实现发送端光调制、传输过程中光偏转及接收端光滤波的核心部件。微环对特定波长信号敏感,当其周长刚好是波导中信号波长的整数倍时,信号就会改变传输方向,此时称微环与信号发生谐振。通过向微环注入电荷或改变微环的温度环境对微环材料的折射率产生影响,进而改变微环的固有波长,最终使其呈调谐或失谐状态。

光信号在波导中不会产生额外的电功率损失,其与数据相关的通信功耗仅存在于电光接口单元与光电接口单元,与通信路径和通信距离无关,因此动态通信功耗极小。但光信号在波导中会产生光功率损失,通信距离越远,路径插入损耗越大,相应地所需要的激光源功率也越大。受封装限制,光互连子网中常使用有限的激光源,通过分支器为光节点提供载波信号。在激光源共享的情况下,其应提供足够功率使得所有节点能够在最大路径损耗下同时通信,以满足距离最远节点间的通信需求及最大并发度下的通信需求。此外,受制造工艺的影响,微环的几何尺寸常存在一定的工艺偏差,需要通过微环加热使其可以准确调谐在特定波长,以保障光调制、光偏转、光滤波环节的正常工作。

激光源功耗与微环调谐功耗和通信负荷无关。当通信负荷较低时,光互连通信带来的动态功耗收益将不足以补偿其巨大的静态功耗开销。特别是当互连规模增大时,激光源功耗与微环调谐功耗将随之非线性增长。因此,如何设计低功耗的大规模光互连片上网络,充分发挥光互连低延时、低动态功耗、高带宽的通信优势,并降低其静态功耗开销,是光互连片上网络所面临的重要问题。

1.4.4　无线片上网络

无线片上网络是把片上微型天线和低成本、低功耗的数据收发器集成到单芯片上,实现具有几百 GHz 或几十 THz 带宽的片内短距离无线通信[1.23],减少 IP 核间金属互连线之间的复杂性。当所有片上资源节点都采用无线互连时,IP 核间多跳通信所产生的延时与功耗问题并未得到彻底解决,同时会带来较大的硬件开销。因此无线 NoC 常采用混合式结构,远距离资源节点间采用无线链路,而近距离资源节点间采用有线电互连链路,以充分发挥各自的优势。典型的无线 NoC 互连结构如图1.10 所示。

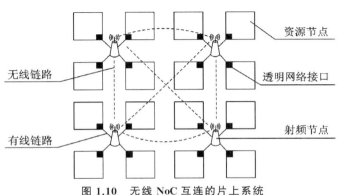

图 1.10　无线 NoC 互连的片上系统

无线 NoC 架构由两个基本部件构成,即射频节点(RF node)和透明网络接口(transparent network interface,TNI)。射频节点实际上是一个带有无线收发器和片上天线的无线路由器(wireless router,WR),相邻的无线射频节点间采用无线链路进行数据传输,系统内所有 IP 核被划分为若干个簇,每个簇内的所有 IP 核均采用有线链路经由 TNI 连接到射频节点。

随着芯片尺寸的不断缩小,无线 NoC 中相邻线间的串扰、电磁辐射、白噪声干扰、信道干扰等易引起数据比特错误的瞬时故障,对系统的可靠性产生了严重影响。15mm 通信距离下,片上无线链路的通信误码率通常在 10^{-9} 量级,远高于有线链路的通信误码率 10^{-15} 量级[1.24]。有线链路的差错检测采用面积与功耗开销极小的简易编码,比如汉明码、乘积码、比特翻转码和奇偶校验码等,配合重传机制就可取得较好的差错控制性能,但这些简易编码机制对复杂无线环境下的比特错误检测与纠错能力是极其有限的。而纠错效果较好的差错控制编码,如 Turbo 码、LDPC 码的编解过程较为复杂,将带来巨大的功耗、延时和面积开销,其开销甚至超过资源节点本身。因此,开发低开销且有效的差错检测机制,以及功耗-干扰的协同优化机制,对于确保无线 NoC 的可靠性和整体能效是必要且紧迫的[1.25]。

大规模片上网络互连技术由于物理链路的不同,存在其独有的问题,如 3D 片上网络的散热问题、光互连片上网络的静态功耗问题及无线片上网络的信道干扰问题。但这些问题都是传统 NoC 演化而来的,即使忽略其物理链路的差异,拓扑设计、任务映射与迁移、包交换机制、路由机制、通信质量管理等共性问题依然存在。

1.5　仿真环境

使用适合的仿真平台对 NoC 的相关优化设计进行性能仿真和测试是一个非常重要的环节。对于初学者而言,通过学习较为成熟的仿真环境的结构,实现编程及仿真方法,是快速了解片上网络互连架构及其优化空间的重要途径之一。

1.5.1　NoC 仿真环境 Noxim

Noxim 是意大利 Catania 大学使用 SystemC 开发的时钟级 NoC 模拟软件,该软件可以通过参数和结构调整精确仿真不同拓扑规模下 NoC 的延时、吞吐量、功耗等性能指标。

(1) 由于采用了 SystemC 语言,Noxim 可以体现硬件设计中的信号同步、时间延迟、状态转换等物理信息。对于初学者而言,可以清晰地了解片上网络中各个物理模块及其互连关系。

(2) Noxim 提供了一个命令行接口,用于定义 NoC 的参数,包括网络规模、缓存区大小、信息分组长度、路由算法、选择策略、信息注入率、流量的时间分布、流量模式等,供使用者探索设计空间。

(3) Noxim 同时支持 2D NoC 和 3D NoC 的仿真,但拓扑结构仅支持 Mesh 规则拓扑。

(4) Noxim 在 2013 年以前的版本中不支持虚通道,因此路由节点中不存在虚通道分配环节。2013 年以后的版本中增加了对虚通道的支持,但虚通道分配策略不可配置。

(5) Noxim 内嵌了不同的通信流模型和丰富的无死锁路由策略,嵌入了无线路由组件模型,支持无线片上网络仿真。

1.5.2　NoC 仿真环境 AccessNoxim

AccessNoxim 是由台湾大学发布的热/流互耦片上网络仿真环境,集成了片上网络仿真环境 Noxim 及集成电路片上热仿真环境 Hotspot,用于实现对 NoC 节点温度分布情况的评估仿真。因此,该仿真环境除具备 Noxim 所有的性能仿真功能外,还可以实现片上网络的散热管理机制的仿真。

(1) 实现了 Noxim 与 Hotspot 的无缝集成,可以完成动态散热管理机制的仿真,即通过 Noxim 获取片上网络各节点的流量分布,以流量分布为输入计算功耗分布,再以功耗分布为输入计算温度分布,最后将以温度分布为输入调整路由策略。

(2) AccessNoxim 中已经集成了多种近年来提出的动态散热管理机制,因此在开展研究时,不必投入精力再去实现一次这些已有的方法,以进行同等仿真条件下的性能对比。

1.5.3　NoC 仿真环境 Booksim

Booksim 仿真环境是斯坦福大学 Concurrent VLSI Architecture 小组发布的周期精确的片上网络仿真器,采用模块化设计,当设计者需要添加新的路由算法、拓扑结构或路由器微体系结构时,不需要完全重新设计代码。

(1) 没有描述垂直互连链路特征,不经代码修改构造 3D NoC,可能会带来功耗特性的仿真误差。仿真支持 Mesh、Cmesh、Dragonfly、Fly、KNCube、Fat Tree、Flat Fly、Tree 等多种拓扑结构,甚至支持用户通过文件指定路由连接来创建任意拓扑结构。

(2) 路由器支持路由计算(routing calculation)、虚通道分配(virtual channel allocation,VA)、开关分配(switch allocation,SA)及数据转发(switch traversal,ST)构成的四级流水线结构,因此链路的利用率较高。

(3) 支持不同的路由策略、虚通道分配策略、开关分配策略,因此能够较容易通过配置路由器行为融入通信质量管理机制。

（4）提供了丰富的用户接口,用户可通过配置参数构造不同的互连架构,探索设计空间。

1.5.4 NoC 建模工具 DSENT

DSENT(design space exploration of network tool)是麻省理工学院发布的一款建模工具,旨在快速探索基于电互连和新兴光互连技术的片上网络设计空间。

（1）DSENT 基于制造工艺,提供电、光片上网络组件的解析和参数化模型,通过修改参数文件可以增加对新工艺库的支持。

（2）DSENT 提供了各种各样的片上网络组件模型,通过代码修改或复用,用户可以构建自己的模型。

（3）DSENT 支持通过文本配置路由器和互连链路的参数,用户更换配置参数时,无需重新编译源文件。

（4）DSENT 可仿真的参数包括模块的延时、面积、静态功耗和动态功耗。DSENT 不支持周期精确的行为级仿真工具,动态功耗的计算基于指定的数据注入率。

1.5.5 全系统仿真环境 JADE

JADE 是由香港科技大学发布的全系统仿真环境。与 Noxim 和 Booksim 相同,JADE 也是基于事件驱动的周期精确行为级仿真环境。不同的是,Noxim 和 Booksim 中实现的是虚拟核,其产生的数据流不是真实应用下的数据流,而 JADE 集成了整个片上众核系统,数据流是真实应用下产生的数据流。

（1）JADE 集成了整个众核系统,包括互连网络拓扑、存储架构、Cache 一致性协议及处理器。用户可以通过文本配置各个硬件模块的参数。

（2）在片上互连网络方面,JADE 描述了不同核规模下的 Crossbar、Ring、Torus、Mesh、Folded-Torus、Fat Tree 等拓扑结构,并支持构建光电混合片上网络,但光片上互连仅支持环形结构(Ring)。

（3）JADE 集成了 COSMIC 异构众核处理器测试集作为应用模型,应用模型以任务流图的形式描述了 ARM-V7、ALPHA 和 X86 等 3 种微处理器指令集下的程序执行和访存行为。

1.6　本　章　小　结

本章在简要介绍片上网络基本架构的基础上,首先对拓扑结构、任务映射与任务迁移、包交换机制、路由策略、通信质量、功耗与温度管理等片上网络研究领域常见的设计问题进行了说明。其次,引入了三维片上互连、光互连及无线片上互连等新兴互连技术及其特有的设计问题。最后,介绍了 Noxim、AccessNoxim、Booksim、DSENT 等几种常见的片上网络仿真工具。本章是对片上网络的概念、问题、方法的简要介绍,众多设计细节可结合第 3 章、第 4 章、第 7 章及第 9 章所涉及的仿真软件加以理解。

1.7　参　考　文　献

[1.1] 谭铁牛.人工智能的历史、现状和未来[J].智慧中国,2019(Z1):87-91.

[1.2] Borkar S. Thousand core chips: a technology perspective[C]// Proceedings of the 44th ACM/IEEE Design Automation Conference. San Diego: ACM/IEEE,2007:746-749.

[1.3] Tendler J M,Dodson J S,Fields J S,et al. POWER4 system microarchitecture[J].IBM Journal of Research and Development,2002,46(1):5-25.

[1.4] Kongetira P,Aingaran K,Olukotun K.Niagara: A 32-way multithreaded SPARC processor[J].IEEE Micro,2005,25(2):21-29.

[1.5] Vangal S R,Howard J,Ruhl G,et al. An 80-tile sub-100-w teraflops processor in 65-nm CMOS[J].IEEE Journal of Solid-State Circuits,2008,43(1): 29-41.

[1.6] Howard J,Dighe S,Hoskote Y,et al.A 48-core IA-32 message-passing processor with DVFS in 45nm CMOS[C]//Proceedings of the IEEE International Solid-State Circuits Conference Digest of Technical Dissertations. San Francisco: IEEE Solid-State Circuits Society,2010:108-109.

[1.7] Tilera Corporation.TILE72 chip-multiprocessor[EB/OL].[2024-12-05]. http://www.tilera.com.

[1.8] Lin J,Xu Z,Nukada A,et al.Optimizations of two compute-bound scientific kernels on the SW26010 many-core processor[C]//Proceedings of the International Conference on Parallel Processing. Bristol: IEEE Computer Society/ ACM,2017:432-441.

[1.9] Bohnenstiehl B,Stillmaker A,Pimentel J J,et al. KiloCore: A 32-nm 1000-processor computational array[J].IEEE Journal of Solid-State Circuits,2017, 52(4):891-902.

[1.10] Furber S B,Lester D R,Plana L A,et al.Overview of the SpiNNaker system architecture[J].IEEE Transactions on Computers,2013,62(12):2454-2467.

［1.11］ Doweck J，Kao W F，Lu A K，et al. Inside 6th-Generation Intel Core：New Microarchitecture Code-Named Skylake［J］.IEEE Micro,2017,37(2):52-62.

［1.12］ NVIDIA. Tegra X1 Processor［EB/OL］.［2024-12-20］. http://www.nvidia.com/object/tegra-x1-processor.html.

［1.13］ Krishnan G，Bouvier D，Naffziger S. Energy-Efficient Graphics and Multimedia in 28-nm Carrizo Accelerated Processing Unit［J］.IEEE Micro,2016,36(2):22-33.

［1.14］ Flich J，Agosta G，Ampletzer P，et al. MANGO：exploring manycore architectures for next-generation HPC Systems［C］//Proceedings of the 20th Euromicro Conference on Digital System Design.Vienna：IEEE Computer Society,2017:478-485.

［1.15］ Ramantas K，Vargas T R，Guerri J C,et al.A preemptive scheduling scheme for flexible QoS provisioning in OBS networks［C］//Proceedings of the International Conference on Broadband Communications.Lisbon：IEEE Communications Society,2009:268-279.

［1.16］ International Roadmap Committee. International technology roadmap for semiconductors［EB/OL］.［2024-12-20］.http://www.itrs.net.

［1.17］ Lee J H，Bovington J，Shubin I，et al.Demonstration of 12.2% wall plug efficiency in uncooled single mode external-cavity tunable Si/III-V hybrid laser［J］.Optics Express,2015,23(9):12079-12088.

［1.18］ Topol A W，La Tulipe D C，Shi L，et al.Three-dimensional integrated circuits［J］.IBM Journal of Research and Development,2006,50(4):491-506

［1.19］ Feero B S,Pande P P.Networks-on-Chip in a three-dimensional environment：a performance evaluation［J］.IEEE Transactions on Computers,2008,57(1):32-45.

［1.20］ Jheng K Y，Chao C H，Wang H Y，et al. Traffic-thermal mutual-coupling co-simulation platform for three-dimensional network-on-chip［C］//Proceedings of the International Symposium on VLSI Design Automation and Test.Hsinchu：IEEE Computer Society,2010:135-138.

［1.21］ Hamedani P K，Jerger N E，Hessabi S. QuT：A low-power optical Network-on-Chip［C］//Proceedings of the IEEE/ACM International Symposium on Networks-On-Chip.Vancouver：IEEE Computer Society,2015:80-87.

［1.22］ Xie Y.Future memory and interconnect technologies［C］//Proceedings of the Design,Automation and Test in Europe Conference and Exhibition.Grenoble：IEEE,2013:964-969.

［1.23］Chang　M　F，Roychowdhury　V　P，Zhang　L，et　al．RF/wireless interconnect for inter-and intra-chip communications［J］.Proceedings of the IEEE，2001，89（4）:456-466.

［1.24］Lee S B，Tam S W，Pefkianakis I，et al．A scalable micro wireless interconnect structure for CMPs［C］//Proceedings of the 15th Annual International Conference on Mobile Computing and Networking.Beijing:ACM,2009:217-228.

第2章　三维集成与三维片上网络

2.1　三维集成技术

近几十年来,晶体管特征尺寸的不断缩小,驱动着集成电路(integrated circuit,IC)飞速发展。然而,随着晶体管的物理尺寸已近器件技术极限,简单通过尺寸缩小提升性能的空间越来越小,只有通过架构的改变才能满足新的设计需求。同时,互连性能随着工艺尺寸减小而降低,因此,如何提升互连性能成为片上系统的瓶颈。插入中继缓冲器是优化互连性能的常用手段,然而,随着集成电路特征尺寸的缩小与互连线长的增加,需要插入中继驱动器的尺寸与数目急剧上升,从而在延时、功耗及面积等方面带来了严重的问题。电子产品尺寸的小型化和功能的全面化推动了三维集成技术的快速发展。目前,三维集成工艺还没有在产业界全面标准化,了解三维集成的特点及其挑战是基于该技术进行电子产品架构设计和优化的前提和基础。

2.1.1　三维集成工艺

包含多层有源器件的三维集成电路,可以极大地增强芯片性能、功能特性和封装密度,可以提供很多有利于异构材质、器件和信号集成的微处理器架构。在看到 3D IC 优越性的同时,必须正视 3D 集成电路技术面临的挑战。用于将不同层的有源器件互连的流程应与当前的硅处理技术工艺兼容。这些流程必须满足量产需求,即可靠性、高产出率和合理的成本。IBM 公司在三维集成工艺中取得突破[2.1],简要总结如下。

2.1.1.1　晶片薄化(Wafer thinning)

基于机械研磨和湿法刻蚀的技术,可以将 200 mm 的硅片打磨到 20 μm 的厚度。为了便于移除体硅,IBM 3D 工作组使用了绝缘衬底硅(silicon on insulator,SOI)和玻璃基座。氧化埋层作为基座打薄的刻蚀阻挡层,使高性能的 IC 制造工艺成为可能,而玻璃基座可以提高对准精度。这两个特征提供了在器件间形成最短路径的手段。在玻璃载体上的最终封装过程中所有的体硅被移除,仅保留器件层和它的金属层。这使得堆叠透明,因此可以进行通孔对齐流程。

2.1.1.2　对齐（Alignment）

标准的对齐方法有正面对齐和背面对齐两种。未来高密度 3D IC 的主要挑战是深亚微米级的对准需求。根据当前商业对准工具的测试结果,正面对齐方式下最高的 3 Sigma 对准精度为 1 μm。对于多层堆叠的打薄的 IC 器件层,不会出现信号的退化,可以获得良好的对准特性。若使用不透明的载体,穿过硅层时,与波长相关的信号退化会降低对准精度(特别是对于厚度超过 40 μm 的硅层)。因此,对于非透明的基片,在分辨率和硅的透明性之间进行折中确实是一个挑战。

2.1.1.3　键合（Bonding）

对于所有类型的键合方法,键合接口的质量与表面的光滑度和清洁度有密切关系。特别是对于熔融物键合,需要达到原子级的表面光滑度。通常在键合之前,采用化学机械抛光和湿法化学表面处理相结合的方法来确保键合表面的清洁和活性。此外,还需要控制清洁过程和积淀后退火过程的强度,以减少在键合表面形成的气泡。键合接口的质量,如键合强度、气泡含量、清洁度等对于确保层间过孔制造过程中的高产出率至关重要。此外,键合技术的温度必须与每个功能层的温度限制兼容。

2.1.1.4　层间过孔制作（Inter-device-layer via fabrication）

3D IC 技术需要形成高纵横比的过孔。制作这类过孔的制模和金属化工艺过程(如等离子体刻蚀、金属填充和化学机械抛光)必须与其他的 BEOL 流程工艺兼容。所有的金属化制作工艺都有过孔最大纵横比的限制,会使每个层有源器件和无源器件的布局受到限制。SOI 基座埋置的氧化层可以将传送装置层的厚度控制在非常严格的误差区间。允许垂直方向可以堆叠的层空间仅为几微米时,层间过孔的有效纵横比可以最小化。充分发挥 3D IC 的潜力,需要深亚微米级的过孔直径,并与目前的 FEOL 工艺兼容。因此,通过堆叠高性能 CMOS 器件形成的 3D IC 的性能和最终的实用性,依赖于键合对齐的容差及深亚微米级下互连不同层的高纵横比尺寸过孔的结构和电气完整性。IBM 公司目前已可制作纵横比在 6∶1 到 11∶1 的过孔,最小的过孔底部直径为 0.14 μm,高度为 1.6 μm,相当于每平方厘米有 10^8 个硅过孔。

2.1.2　三维集成的技术优势

三维集成电路无需进一步减小器件尺寸,就可以在很多方面得到性能上的提升。晶体管可以访问更多的相邻器件,每个电路功能块可以提供更高带宽。同时,由于缩短了导线长度,减小了分布电容,3D IC 可降低功耗,提高抗干扰能力,改善芯片的封装密度。

2.1.2.1　功耗优势

3D IC 有助于压缩线长,减小网络中的最长路径。较短的线长有助于降低平均负荷电容,并减少长连接中的中继器个数。支持中继的互连线的功耗比重巨大。与 2D IC 相比,在 3D IC 中平均互连线长度的压缩可使连线效率提高 15%,使总功耗值降低 10%[2.2]。

2.1.2.2　抗干扰优势

在 3D IC 中,互连线的缩短及由此带来的负荷电容的减小,将减小同步开关事件引入的噪声。更短的连线意味着更小的线间电容,从而减少信号的线间串扰。使用更少中继器的更短全局连线也会降低引入噪声和抖动的概率,从而提供更好的信号完整性。

2.1.2.3　逻辑扩展的优势

MOSFET(金属氧化物半导体场效应晶体管)的扇出率受制于每个周期内固定的导线电容增益的影响,增加的内部逻辑门负荷受到外部导线电容的显著影响。三维集成降低了导线负荷,因此可以驱动更多的逻辑门,即具有更大的扇出。

2.1.2.4　器件密度的提升

在三维结构中,有源器件可以堆叠,从而减小了芯片的封装尺寸。在传统二维器件的基础上增加的维度提高了晶体管密度,因此电路的组成部分可以堆叠在彼此的上方。与 2D 技术相比,使用 3D 技术设计的标准反相器所占用的面积(器件区域和金属互连线所占面积的总和)可以得到 30% 的提升。电路的堆叠使得器件的体积和质量减小,这在无线、便携和军事设备中尤为有用。

2.1.3　三维集成技术的挑战

三维集成技术可有效缩短全片内连线长度,为多核片上系统架构的设计提供了新的方向。但三维集成电路设计仍受 TSV 工艺、散热、可测试性等方面的约束,面临一系列的挑战。

2.1.3.1　TSV 的工艺约束

据 2013 年国际半导体技术蓝图(international technology roadmap for semiconductors,ITRS),TSV 可能的最小尺寸为 4~8 μm,而 4 输入与非门的面积

为 0.05 μm^2,平面金属互连线的尺寸约为 0.2 μm,过多 TSV 无疑会带来巨大的面积开销。与此同时,芯片良率受单根 TSV 键合成功率的影响,模型为:

$$y = (1-f)^{N_{\text{TSV}}} \tag{2.1}$$

当单根 TSV 键合失败率 f 为 10^{-4},TSV 数目 N_{TSV} 在 2000 根以上时,芯片的整体良率将下降至 80% 以下[2.3]。

2.1.3.2　散热问题

由于在垂直方向上堆叠了大量的有源器件,3D 片上系统的功率密度迅速增大,使得片上温度迅速升高,而温度升高会使器件的漏电流增大,并推动片上温度不断攀升,最终可能导致系统进入热失控状态。

2.1.3.3　测试问题

与非堆叠集成电路测试不同,三维集成电路测试分为键合前测试与键合后测试两部分,分别完成单层芯片测试与针对多层裸芯集成过程中的整体系统测试,因此三维集成电路需要引入更多的测试触点,从而增加电路面积,并可能导致平面内的布局布线阻塞。

2.1.3.4　电源传输问题

有限线网资源和单位线网长度恒定 RC 造成器件密度和操作电流增加,而电源供电网络阻抗未能按比例缩小,导致电源供电噪声在现代系统中已经恶化。在 3D IC 中,供电路径中 TSV 电阻对 3D 电源提出了新的挑战。出于散热效率方面的考量,功耗密集的电路必须放置在靠近散热器的底层,又由于电源供电网络中电阻的增加,较低层次的电路会承受更多的电源噪声,从而使得可靠的电源传输更加困难。

2.2　三维片上网络

2.2.1　三维片上网络的设计问题

在三维片上网络中,拓扑设计、任务映射与迁移、包交换机制、路由机制、通信质量管理等共性研究问题依然存在。但由于垂直互连链路 TSV 的工艺特性及垂直方向的热量堆叠效应,三维片上网络的设计具有其特殊性。

2.2.1.1　拓扑设计的问题

与水平互连线相比,其短粗的特性有可能提供更高带宽和更低通信功耗的垂直通信。规则 3D NoC 结构,如 3D Mesh NoC、3D Torus NoC、3D Spidergon NoC 等,在原有二维片上网络的基础上,通过为路由节点增加垂直端口实现层间互连。尽管其易于实现,但垂直方向的逐跳转发方式严重制约了 TSV 带宽与延时优势。因此如何通过拓扑设计充分利用垂直方向 TSV 通信链路优势,是三维片上网络特有的设计问题。

2.2.1.2　TSV 开销优化问题

在 3D 集成工艺下,TSV 直径远大于水平层内互连线,过多的垂直 TSV 通信链路会导致较大的面积开销。同时,芯片良率受单根 TSV 键合成功率的影响,当 TSV 数量较多时,芯片良率将降至不可接受的范围。通过 TSV 冗余容错设计可以改善芯片良率,但会增加额外的芯片开销。因此在芯片良率和面积开销约束下,优化 TSV 通信链路的设计是三维片上网络的研究问题。

2.2.1.3　热优化问题

片上网络路由节点的包交换速度较快且面积较小,因此其功耗密度与片上逻辑功能单元的功耗密度相当,有时甚至远远高于逻辑功能单元。如 Intel-80 核,路由单元的功耗密度可以达到其他片上单元的两倍[2.4]。可见,片上网络成为形成三维片上系统温度热点的主要来源之一,需采用更加有效的散热管理措施,以保障系统的热安全运行。与微槽液冷[2.5](micro-channel fluid cooling,MFC)及散热 TSV 插入[2.6](thermal TSV insertion)等物理散热方法相比,体系结构级的动态散热管理(dynamic thermal management,DTM)机制具有更小的器件/电路开销,是当前三维片上网络的热点研究内容之一。

2.2.2　垂直一跳 3D NoC 拓扑

基于三维片上网络构造垂直方向一跳通信的研究工作主要可分为基于垂直交叉开关(Xbar)的 3D NoC 拓扑[2.7-2.8]、总线-NoC 3D 混合式拓扑[2.9-2.10]与基于全连接 3D NoC 拓扑[2.11] 3 种,如图 2.1 所示。

图 2.1(a)所示的毛状 3D NoC[2.7]是典型的基于垂直交叉开关的拓扑,其在最底层保留了二维 NoC 互连结构,通过为路由增加多个垂直端口实现 NoC 与位于其他层次的资源节点间互连。显然,该种结构下,位于最底层的路由节点需要同时完成水平数据交换与垂直数据交换,且所有节点间的水平通信集中于同一层内,这不可避免地带来了通信拥塞问题。文献[2.8]提出了一种 3D XNoTs 拓扑,保留所有二维平面的 NoC 互连结构,垂直通信单独通过置于中间层的交叉开关实现,可有效解决毛状 3D NoC 中的潜在问题。但基于垂直交叉开关的 3D NoC 拓扑均需要在同一个路由

节点提供多套垂直通信数据链路,从而造成巨大的 TSV 开销。

与 3D XNoTs 拓扑类似,总线 – NoC 混合式拓扑也在各个二维平面内保留了
NoC 互连结构,不同的是,其在垂直方向上采用了传统的总线互连,如图 2.1(b)所
示。与 3D Mesh 等规则拓扑相比,路由器端口仅需 6 个,有效降低了路由器的面积
与功耗开销。同时,垂直方向的总线结构不仅充分利用高速低耗的 TSV 通信链路,
而且有效减少了垂直数据链路的 TSV 开销。但总线结构不支持并发通信,文献
[2.9]针对混合三维架构中垂直总线之间的通信竞争问题,提出了一种高性能层间总
线通信结构,通过层间缓存隔离通信路径不重叠的数据流,以提高总线利用率。文献
[2.10]提出了一种 Adaptive-Z 自适应路由机制,基于垂直总线的负荷分布,自适应
地选择垂直通信路径。

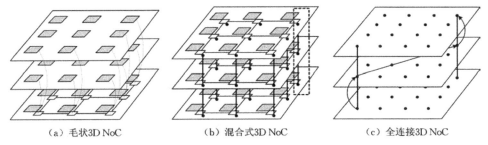

（a）毛状3D NoC　　　　（b）混合式3D NoC　　　　（c）全连接3D NoC

图 2.1　具有垂直一跳通信的 3D NoC 互连拓扑结构

图 2.1(c)所示的基于全连接的 3D NoC 拓扑在垂直方向上与总线 NoC 混合式
拓扑相同,均采用总线结构,而在水平面内则采用全连接,为任意两点之间提供仅需
三跳的低延时通信,使得网络直径得到了极大压缩。全连接网络带来的最大问题是,
每个节点均需实现与平面内其他所有节点的直接互连,导致交换开关端口数目随着
平面节点规模增大,由此带来巨大的功耗与面积开销。文献[2.11]利用混合型 3D
NoC 中垂直方向仅需一跳的特性,提出了一种基于线性整数规划的全连接网络分割
方法,以在特定的路由端口数目及互连面积约束下将全连接网络均匀分布于各层,但
长连接导致互连拓扑可扩展性变差的问题需要进一步解决。

2.2.3　TSV 开销优化

目前,针对垂直通信链路 TSV 开销优化的相关研究主要分为两类。一类方法是
通过为部分节点提供垂直通信链路减少 TSV 开销。受 TSV 工艺约束,在有限的面
积开销及可接受的芯片良率范围内,3D NoC 系统中仅允许有限的 TSV 垂直通信链
路,其布局在不同的位置将会对整个互连的性能产生重要影响。文献[2.12]针对上
述问题,采用整数线性规划优化算法对 TSV 垂直通信链路进行优化布局,以在最小

化 TSV 数目与最大化 TSV 通信链路冗余度上进行折中。同时，为使系统有一定的容错能力，垂直 TSV 链路的布局应有一定的冗余覆盖。兼顾 TSV 冗余和 TSV 开销的 TSV 优化布局方法可以描述为图 2.2。

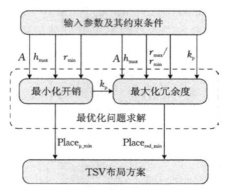

图 2.2　TSV 布局方案优化问题描述

设网络是由节点集 N 和互连链路集 L 组成，则网络节点间的拓扑 $T=(N,L)$ 可以通过相邻节点间的互连矩阵 A 表示。

$$A=\{a_{ij}\},a_{ij}=\begin{cases}1,&(n_i,n_j)\in L,\\0,&\text{其他}\end{cases},\text{其中},n_i,n_j\in N \qquad (2.2)$$

令所有未放置 TSV 链路的节点构成的集合为普通节点集 S，放置 TSV 链路的节点构成的集合为 TSV 节点集 P。定义普通节点 $s_i\in S$ 到达 TSV 节点 $p_j\in P$ 的最大距离为 h_{max}，任一普通节点 $s_i\in S$ 可抵达的 TSV 节点的最小个数和最大个数分别为 r_{min} 和 r_{max}，网络中放置的 TSV 链路的节点数为 k_p。值得注意的是，超大规模众核系统中平面内节点数目较多，直接使用整数线性规划（Integer Linear Program，ILP）或遗传算法（Genetic Algorithm，GA）等常规优化方法可能需要耗费很长时间，如何加速优化过程是需要进一步考虑的问题。

另一类方法是通过设计总线仲裁机制，减少用于垂直总线通信控制的 TSV 开销，如图 2.3 所示。基于混合三维拓扑结构，文献[2.13]提出了一种伪令牌分布式仲裁机制，在每个节点中放置相同的仲裁器。请求信号在各个节点间共享，所有活动节点在状态寄存器中排队，确保任一时刻只有一个节点获得总线使用权。文献[2.14]提出了一种基于优先权划分的分布式时分复用（time division multiple access，TDMA）总线，所有节点同时将数据流的优先权代码同时送至仲裁总线，通过代码覆盖完成仲裁。与伪令牌分布式总线相比，该总线可在有限的 TSV 消耗下，实现对数据流优先级的支持。

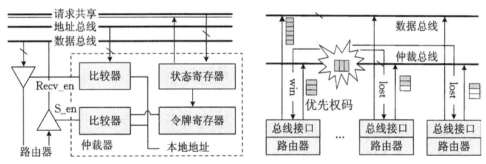

图 2.3　3D NoC 中分布式仲裁机制

2.2.4　动态散热管理

按照实现的技术手段,已有的 3D NoC 动态散热管理机制大致分为两类:基于路由策略的 DTM 与基于流量调节策略的 DTM;按 DTM 依据预测温度还是实时温度进行动态管理。每一类又可分为主动式散热管理(proactive DTM)机制与被动式散热管理(reactive DTM)机制,如表 2.1 所示。

表 2.1　3D NoC 散热管理机制相关研究

研究工作	基于路由策略的 DTM				基于流量调节策略的 DTM					主动式	被动式
	MP	NMP	FA	PA	GT	DT	VT	FT	PT		
Adaptive-Z[2.15]	✓			✓							✓
DPN-Guided[2.16]	✓			✓							✓
FMOTAR[2.17]	✓			✓							✓
Cool Elevator[2.18]	✓		✓								✓
ATTBR[2.19]	✓			✓							✓
TTABR[2.20]		✓									✓
VDLAPR[2.21]		✓		✓			✓			✓	
PTB³R[2.22]		✓									✓
TADR[2.23]		✓					✓	✓			✓
TTAR[2.24]		✓					✓				✓
DLAR[2.25]		✓		✓			✓				✓
TAAR[2.26]		✓					✓				✓
T-PDTM[2.27]					✓	✓		✓	✓	✓	
DFSB[2.28]		✓		✓			✓		✓	✓	
ArR-DTM[2.29]		✓		✓							✓

2.2.4.1 基于路由的散热管理机制

基于路由的散热管理机制,又称空间散热管理(spatial DTM)机制,即通过自适应路由将通信流从温度热点迁移至具有较低温度或较高散热效率的区域,以均衡三维片上网络的温度分布并加强散热,尽可能避免出现温度热点。其本身无法保障NoC 互连系统的热安全,当部分节点温度超过热极限时,需要关断整个片上系统。也就是说 Spatial DTM 首先尽可能使片上温度趋于一致,当互连系统通信负荷超出其均衡范围时,通过对所有节点执行全局关断(globally and fully throttling,GFT)以保障系统的热安全。

路由散热管理机制涵盖路由策略(routing policy)与选择策略(selection policy)两项研究内容。其中,路由策略常基于转弯模型或虚通道结构,在确保无死锁与活锁的情况下扩展路径的多样性,即为特定数据包的转发操作提供两个以上可用的输出端口;而选择策略则为路由输出端口的选择提供依据。在三维片上网络中,靠近散热器和芯片边缘的链路具有更高的散热效率,因此多数热感知的三维片上网络,在芯片过热时将更多数据牵引至芯片边缘或靠近散热器的层次进行数据传输。

一般而言,全自适应(fully adaptive,FA)路由比部分自适应(partially adaptive,PA)路由具有更高的路径多样性,非最短路径(non-minimal path,NMP)路由比最短路径(minimal path,MP)路由具有更高的路径多样性。然而,FA 路由需要在路由器结构中引入虚通道以避免死锁,虚通道技术不仅增加了路由输入缓冲的数量,而且需要引入复杂的虚通道分配逻辑,增加了路由器额外的功耗开销,进而导致片上的温度特性恶化。因此在相关研究中,多数采用了部分自适应路由,基于转弯模型避免路由死锁。而 NMP 路由会额外增加路由跳数,且有产生路由活锁的潜在风险,从而带来较大的延时与功耗开销,并增加路由复杂度。但在三维堆叠之下,垂直 TSV 互连链路的通信功耗远低于水平链路的通信功耗,因此已有的研究大多在水平方向采用MP 路由,在垂直方向采用 NMP 路由,以便更多数据可以牵引至靠近散热器的水平层,从而加强散热。

在路由选择策略上,Spatial DTM 机制多以温度分布为路由选择基准,即在所有的可选路由端口中,选择温度最低或没有过热节点的方向进行数据转发,因此,Spatial DTM 机制又称为热感知路由(thermal-aware routing)散热机制。为了提高Spatial DTM 机制的性能,已有工作分别在空间上与时间上对热感知路由基准进行了扩展。

在最短路径路由下,距离越近,路径多样性越低,以相邻节点的温度为路由选择基准,很容易选择次优的通信路径而最终导致无法避开温度热点。为了拓展过热路由节点信息感知视野,文献[2.24]采用了一维区域拥塞信息感知(one-dimensional regional congestion awareness,RCA-1D)选择策略,即以信息传输的轴向上是否存在过热节点为路由选择依据。文献[2.16]则基于动态规划(dynamic programming,DP)网络在全网内搜索最冷路径,从而使得信息感知视野扩展为整个网络。

此外,以当前的实时温度为散热管理依据,在节点过热后才通过路由策略对其进行通信分流,通常会导致散热滞后。文献[2.21]和文献[2.22]基于温度预测机制,以节点的未来温度作为散热管理依据,在节点即将过热时就开始散热操作,可以有效扩展 DTM 机制的前瞻性,提升散热机制下的通信性能。相应的机制称为主动型散热管理机制,而传统的基于当前实时温度的散热管理机制则称为被动型散热管理机制。

综上,所讨论的研究中多基于部分自适应路由,重点在路由选择策略上进行创新。事实上,基于路由的 DTM 机制中,通信流的分布由路由策略及选择策略共同决定,自适应度较大的方向自然会牵引更多的数据流。而部分自适应路由通过禁止部分转向避免死锁,必然导致自适应度的各向不均衡性,从而导致片上网络流量与温度分布的不均衡性。本书将在第 5 章对该问题进行详细阐述,并通过管理不同方向的自适应度分布实现更加高效的路由散热机制。

2.2.4.2　基于流量调节的散热管理机制

基于流量调节的散热管理(temporal DTM)机制,又称时间散热管理机制,采用动态调频(dynamic frequency scaling,DFS)、电源关断(power gating,PG)及时钟门控(clock gating,CG)等技术调节过热节点的包交换速率以保障 NoC 的热安全运行。依据被调节节点的分布范围,Temporal DTM 可以分为全局流量调节(globally throttling,GT)、分布式流量调节(distributed throttling,DT)及垂直流量调节(vertically throttling,VT);而依据流量调节比例则可以分为全关断(fully throttling,FT)与部分流量调节(partially throttling,PT)。

GT 将整个片上网络看成一个整体,其流量调节行为取决于网络中的最热节点。由于三维片上网络中各子层的散热效率存在较大差异,当某个节点过热时,其他节点尚有较大的热安全空间,因此 GT 不利于系统性能的整体提升。DT 为网络中的每个节点单独进行温度管理,由于三维片上网络的热耦合现象十分突出,很难实现单独的流量调节行为决策,并可能导致热控制过程振荡。针对三维片上网络的垂直热耦合问题,以兼顾散热效率与通信性能为目标,台湾大学近年来提出了热感知的垂直流量调节(thermal aware vertical throttling,TAVT)机制,以兼顾散热效率与通信性能为目标。其控制粒度是具有相同 X 向及 Y 向坐标的路由节点构成的柱状(pillar)区域,依据路由节点的过热状态,关闭其所在柱状区域内的一个或多个路由节点。因其与垂直方向的热耦合特性更加契合,已有的面向三维片上网络的 Temporal DTM 机制多采用 VT 机制。

与部分流量调节相比,全关断技术有助于 3D NoC 实现快速散热,但带来了两个显著问题:一是路由节点全关断后导致片上网络的规则拓扑被破坏,并随着散热管理的进行而动态变化,因此需要引入拓扑感知的自适应路由以适应动态变化的非规则拓扑;二是全关断导致通信流图中的任务依赖链被破坏,一旦过热节点被关断,部分数据流在特定的路由策略下不再可达,从而阻塞后续任务的执行,直至散热控制周期结束(通常在 10ms 以上),最终导致系统性能下降。部分流量调节依据通信功耗与温度之间的约束关系确定流量调节比例,可以确保所有节点在散热管理期间都是可访问的,因此可避免使用复杂的拓扑感知自适应路由来判定数据包的可达性,同时通信流图中的任务依赖链也不会被破坏,有可能获得比全关断 DTM 机制更好的性能。由于散热时间较长,已有部分流量调节机制常采用主动散热机制,基于预测的温度执行流量调节操作,以提供足够的散热时长。同时,流量调节操作导致互连网络内的带宽分布不均匀且动态变化,静态的路由策略将导致网络通信易产生拥塞,自适应路由仍不可或缺,从而形成协同式散热管理机制。

综上,所讨论的研究工作中,基于部分流量调节的协同式主动散热管理机制具有较好的散热性能,但已有研究多着眼于温度的精确预测,并基于通信功耗与温度之间的约束关系直接确定流量调节比例。事实上,在 NoC 中,同一个数据包的传输路径常包含多个路由节点,当某个路由节点进行流量调节时,其他路由节点的流量也会受到影响,即不同路由节点的流量调节作用是相互叠加的。而在整个互连网络中,不同路由节点流量调节作用的叠加存在很大的不确定性,因此很难确定精确的控制模型。本书将在第 6 章针对这一不确定性,基于模糊控制理论研究部分流量调节协同式散热管理机制的实现方法。

2.3　本章小结

本章介绍了三维集成工艺与三维片上网络。对于架构设计者而言,虽然可以不必深入了解三维集成工艺的细节,但需要清楚三维集成工艺下垂直互连与水平互连在特性上的差异。相比水平连接而言,垂直 TSV 具有短粗的特性,且良率偏低,因此在具体设计时最好采用垂直部分连接和一跳通信。同时,垂直堆叠导致热传导路径变长,面临严峻的散热问题。具体开展研究时,设计者可以从其中的一个视角展开,也可以将多个问题整合起来统一考虑。

2.4　参　考　文　献

[2.1] Topol A W. Three-dimensional integrated circuits[J]. IBM Journal of Research and Development,2006,50(4/5):491-506.

[2.2] Al-sarawi S F,Abbott D,Franzon P D. A review of 3-D packaging technology[J]. IEEE Transactions on Components,Packaging,and Manufacturing Technology,1998,21(1):2-14.

[2.3]Chan C C,Yu Y T,Jiang I H R.3DICE:3D IC cost evaluation based on fast tier number estimation[C]//Proceedings of the International Symposium on Quality Electronic Design.San Jose:IEEE,2011:1-6.

[2.4] Dahir N,Tarawneh G,Mak T,et al. Design and implementation of dynamic thermal-adaptive routing strategy for networks-on-chip[C]//Proceedings of the Euromicro International Conference on Parallel,Distributed and Network-Based Processing,Torino:IEEE,2014:384-391.

[2.5] Sekar D,King C,Dang B,et al. A 3D-IC technology with integrated microchannel cooling[C]//Proceeding of the International Interconnect Technology Conference,Burlingame:IEEE,2008:13-15.

[2.6] Onkaraiah S,Tan C S.Mitigating heat dissipation and thermo-mechanical stress challenges in 3-D IC using thermal through silicon via（TTSV）[C]//Proceeding of the Electronic Components and Technology Conference,Las Vegas:IEEE,2010:411-416.

[2.7] Feero B S,Pande P P. Networks-on-Chip in a three-dimensional environment:a performance evaluation[J],IEEE Transactions on Computers,2009,58(1):32-45.

[2.8] Matsutani H,Koibuchi M.Tightly-coupled multi-layer topologies for 3-D NoCs[C]//Proceedings of the 2007 International conference on Parallel Porcessing.Xi'an:IEEE,2007:75-75.

[2.9] Daneshtalab M,Ebrahimi M,Plosila J. HIBS-Novel inter-layer bus structure for stacked architectures[C]//Proceedings of 2012 IEEE International 3D Systems Integration Conference (3DIC).Osaka:IEEE,2012:1-7.

[2.10] Rahmani A,Vaddina K R,Liljeberg P.et al.High-performance and fault-tolerant 3D NoC-bus hybrid architecture using ARB-NET-based adaptive monitoring platform[J].IEEE Transactions on Computers,2014,6(3):734-747.

[2.11] Xu Y，Du Y ，Zhao B，et al. A low-radix and low-diameter 3D interconnection network design［C］//Proceedings of the 15th International Symposium on High Performance Computer Architecture. Raleigh：IEEE，2009：30-42.

[2.12] Xu T C，Schley G，Liljeberg P. Optimal placement of vertical connections in 3D Network-on-Chip[J]，Journal of Systems Architecture ，2013，59 (7)：441-454.

[2.13] Zhou L，Wu N，Chen X. A design methodology for three-dimensional hybrid NoC-Bus architecture[J]，IEICE Transactions on Electronics，2013，96(4)：492-500.

[2.14] Yan G Z，Wu N，Ge F，et al. PDDVB：A priority division distributed vertical bus for 3D Bus-NoC hybrid network[J]，International Journal of Computer Science，2016，43(2)：245-252.

[2.15] Rahmani A M. Design and management of high-performance，reliable and thermal-aware 3D networks-on-chip[J]，IET Circuits Devices & Systems，2012，6(5)：308-321.

[2.16] Dahir N，Al-Dujaily R，Mak T，et al. Thermal optimization in Network-on-Chip-based 3D chip multiprocessors using dynamic programming networks[J]. ACM Transactions on Embedded Computing Systems，2014，13(4s)：1-25.

[2.17] Majumdar A，Dash R K，José L，et al. FMoTAR：A fast multi-objective thermal aware routing algorithm for three-dimensional Network-on-Chips［C］// Proceedings of the 50th Computer Simulation Conference. Bordeaux：Society for Computer Simulation International，2018：1-12.

[2.18] Taheri E，Patooghy A，Mohammadi K. Cool elevator：A thermal-aware routing algorithm for partially connected 3D NoCs［C］//Proceeding of the International Conference on Computer & Knowledge Engineering. Mashhad：IEEE，2016：111-116.

[2.19] Wu Z P，Wu N，Zhou L，et al. The adaptive thermal and traffic-balanced routing algorithm based on temperature analysis and traffic statistics［J]. IEICE Electronics Express，2015，12(7)：1-6.

[2.20] Chen K C，Kuo C C，Hung H S，et al. Traffic-and thermal-aware adaptive beltway routing for three dimensional Network-on-Chip systems［C］// Proceedings of the 2013 IEEE International Symposium on Circuits and Systems. Beijing：IEEE，2013：1660-1663.

[2.21] Chao C H，Chen K C，Wu A Y．Routing-based traffic migration and buffer allocation schemes for 3-D Network-on-Chip systems with thermal limit[J]．IEEE Transactions on Very Large Scale Integration Systems，2013，21（11）：2118-2131．

[2.22] Kuo C C，Chen K C，Chang E J，et al．Proactive thermal-budget-based beltway routing algorithm for thermal-aware 3D NoC systems[C]//Proceedings of the International Symposium on System on Chip．Tampere：IEEE，2013：1-4．

[2.23] Chao C H，Jheng K Y，Wang H Y，et al．Traffic-and thermal-aware run-time thermal management scheme for 3D NoC systems[C]//Proceeding of the Fourth ACM/IEEE International Symposium on Networks-on-Chip．Grenoble：IEEE Computer Society，2010：223-230．

[2.24] Lin S Y，Yin T C，Wang H Y，et al．Traffic-and thermal-aware routing for throttling three-dimensional network-on-chip system[C]//Proceedings of 2011 International Symposium on VLSI Design，Automation and Test．Hsinchu：IEEE，2011：1-4．

[2.25] Chao C H，Chen K C，Yin T C，et al．Transport layer assisted routing for run-time thermal management of 3D NoC systems[J]．ACM Transactions on Embedded Computing Systems，2013，13（1）：1-22．

[2.26] Chen K C，Lin S Y，Hung H S，et al．Topology-aware adaptive routing for non-stationary irregular mesh in throttled 3D NoC systems[J]．IEEE Transactions on Parallel & Distributed Systems，2013，24（10）：2109-2120．

[2.27] Chen K C，Chang E J，Li H T，et al．RC-based temperature prediction scheme for proactive dynamic thermal management in throttle-based 3D NoCs[J]．IEEE Transactions on Parallel and Distributed Systems，2015，26（1）：206-218．

[2.28] Zheng J T，Wu N，Zhou L，et al．DFSB-based thermal management scheme for 3-D NoC-bus architectures[J]．IEEE Transactions on Very Large Scale Integration Systems，2016，24（3）：920-931．

[2.29] Yan G Z，Wu N，Ge F，et al．ArR-DTM：A routing-based DTM for 3D NoCs by adaptive degree regulation[J]．IEICE Electronics Express，2017，14（9）：1-9．

第 3 章 片上网络仿真环境 Noxim

3.1 Noxim 开发环境的构建

Noxim 仿真环境[3.1]采用 C++语言编写,基于 SystemC 类库开发,该仿真环境可以移植到任何支持 SystemC 的操作系统,包括 GNU/Linux(如 Ubuntu)、苹果的 Mac OS X、带有 GCC 的 Sun Solaris、带有 Visual C++的 Microsoft Windows 以及带有 GCC 的 Cygwin(Windows 操作系统下的 Linux 模拟环境)。在任一操作系统下使用时,首先需要安装 SystemC 类库,然后编译 Noxim 源代码以构建仿真环境。本书将介绍在 Cygwin 上构建 Noxim 仿真环境的方法,该方法可直接在 Windows 操作系统下完成。用户可在任意文本编辑器或 C++集成开发环境中编辑代码,并在 Cygwin 控制台中使用命令编译和运行代码。习惯使用 Linux 操作系统的读者可以参照 Cygwin 下的相关操作。

具体过程操作如下:

(1) 访问网站 http://www.cygwin.com/,下载并安装 Cygwin。

(2) 将 SystemC(2.3 以上版本)类库及 Noxim 源文件拷贝至 cygwin/home/usr 文件夹下(其中 usr 为用户名),并在该文件夹下新建文件夹 systemc,如图 3.1 所示。图中用户名为 yangz。

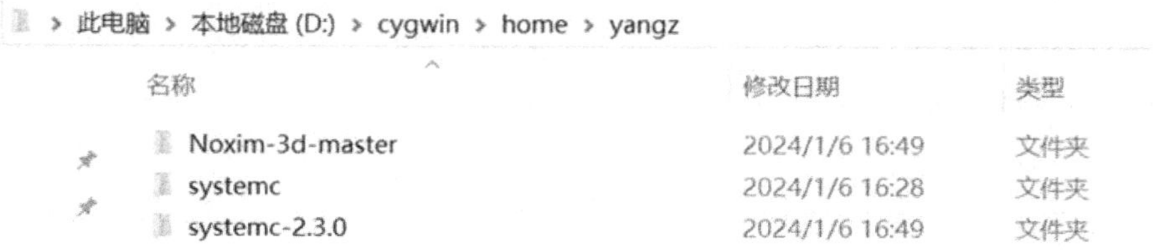

	名称	修改日期	类型
	Noxim-3d-master	2024/1/6 16:49	文件夹
	systemc	2024/1/6 16:28	文件夹
	systemc-2.3.0	2024/1/6 16:49	文件夹

此电脑 > 本地磁盘 (D:) > cygwin > home > yangz

图 3.1 安装包文件路径

Noxim 的最新版本可以在 https://sourceforge.net/projects/noxim/下载。Noxim 最新版本中增加了对无线片上网络和虚通道的支持,但为了便于讲解结构和代码介绍,本书使用的是 2013 年发布的版本。

（3）进入 Cygwin 应用程序，切换至新建文件夹 systemc，依次输入以下命令，安装 SystemC 类库。完成后若无错误提示，则表示安装成功。

输入命令：`../systemc-2.3.0/configure`

输入命令：`make`

输入命令：`make install`

输入命令：`make check`

（4）进入 Noxim-3d-master 文件夹后，修改 bin 目录下 Makefile.defs 的文件参数，添加 systemc 的工作路径，并指定所使用的操作系统。如下：

① 通过修改以下脚本行指定 SystemC 类库的安装路径，该路径需与实际安装路径一致。

`SYSTEMC=/home/yangz/systemc-2.3.0`

② 增加以下两行脚本，说明所使用的操作系统。

`TARGET_ARCH=cygwin`

`CFLAGS=-fpermissive`

注意，该路径要与 SystemC 类库的实际安装路径一致。

（5）在 Noxim-3d-master/bin 目录下使用 make 命令编译 Noxim，如图 3.2 所示。生成的目标文件及可执行文件均在此目录下。若在设计验证过程中修改了部分仿真代码，需使用 make 命令重新编译，以更新仿真行为。使用 make clean 指令可以删除目标文件。

图 3.2　程序编译成功示例

（6）输入命令 ./noxim 运行程序，显示如图 3.3 所示的结果时，说明 Noxim 的运行开发环境已配置完成。

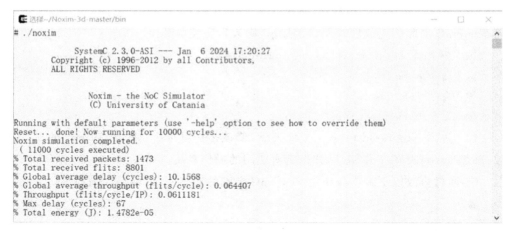

图 3.3　Noxim 仿真结果输出示例

3.2　仿真参数的设置

3.2.1　命令行参数

在 3.1 节中,我们使用了./noxim 命令直接启动了一次仿真。事实上,这一仿真是在默认参数下进行的,若要指定仿真参数,则可以使用以下命令:

```
./noxim -option value
```

其中,option 为设置选项,value 为该选项的取值。在同一命令下可以设置多个仿真参数。输入命令./noxim -help 可以获得仿真参数设置的帮助信息。为了帮助读者快速入门,表 3.1 中列出了几种较为重要的仿真参数及其可选值。对于初学者来说,部分参数并不能直观地从名字上看到其含义,最好的方法是结合代码进行学习。

表 3.1　仿真参数设置

参数	option	默认值	可选值
信息输出	-verbose N	off	指定仿真过程中输出信息的详尽程度 1＝low,2＝medium,3＝high,默认为 off
拓扑规模	-dimx　N -dimy　N -dimz　N	4 4 1	-dimx、-dimy、-dimz 分别设置 Mesh 拓扑中 X、Y、Z 三个维度的节点数,网络中节点数目为三者之积,默认-dimz 的取值为 1,即是二维片上网络的仿真

续表3.1

参数	option	默认值	可选值
路由缓存深度	-buffer　N	4	路由器输入缓存可存放的微片数
数据包长度	-size N_{min} N_{max}	2，8	N_{min}、N_{max} 分别为一个数据包的最短长度和最大长度,默认值分别为 2 和 8
路由算法	-routing Type	XY	xy 维序路由、西优先(west first)、北最后(north last)、负优先(negative first)、奇偶转弯模型(odd even)、自适应(dyad)和全自适应(fully adaptive)。
选择策略	-sel Type	随机选择	random、buffer level、nop,具体含义可结合代码理解
注入率	-pir R Type	0.01 泊松分布	用于指定数据流的时间分布,R 为注入率,取值为 0～1,Type 为时间分布类型:poisson、burst R、pareto on off
流量模型	-traffic Type	随机模型	用于指定数据流的空间分布,即源节点将数据发往哪个目的节点。可选设置包括 random、transpose1、transpose2、bitreversal、butterfly、shuffle,具体含义可结合代码理解
预热时间	-warmup N	1000	预热时间内产生的数据不计入统计值
仿真时间	-sim N	10000	

图 3.4 给出了仿真参数的命令行设置及对应的执行结果。其中,拓扑规模为 8×8,路由算法为奇偶转弯模型,选择策略为 bufferlevel,注入率为 0.1 泊松分布,流量模型为 transpose1。所有不使用默认值的仿真参数都可以在命令行中指定。

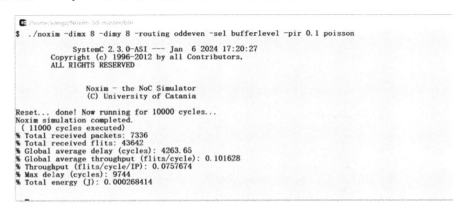

图 3.4　仿真参数命令行的设置及执行结果

有时,命令行中参数设置过长,容易在输入过程中出现错误,导致部分命令参数无法被正确解析。此时可以按 PgUp 键直接修改上一条命令行。当仿真出现问题,如路由死锁时,可以按 Ctrl+C 键终止仿真。

3.2.2 使用 Explorer 设置仿真参数

为了探索设计空间,通常需要设置不同参数多次运行仿真环境。如在仿真片上获得网络拓扑的饱和吞吐率时,需要将注入率设置为不同值,以观测吞吐率的变化。当吞吐率不再随着注入率的增加而变化时,说明网络已趋于饱和。单次仿真可能在有限时间内完成,但多次仿真累积的时间不可忽视。这样就需要设计者在很长一段时间内不停与仿真环境交互,十分不便。

Noxim 模拟器集成了一个命令行解析器 Noxim Explorer,可以自动运行多次仿真。每次仿真时,Noxim Explorer 会根据配置文件自动修改仿真参数,从而简化仿真过程。Noxim Explorer 位于 Noxim 根目录下的 other 文件夹中,使用方法如下:

（1）在 Cygwin 窗口中切换至 other 文件夹下,使用 make 命令编译 Noxim Explorer。

（2）设置参数配置文件。该文件以.cfg 为后缀,在本例中命名为 sim.cfg。配置文件格式如图 3.5 所示。配置选项信息按功能可以分为 4 类:

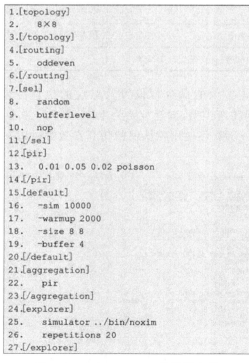

```
1.[topology]
2.    8×8
3.[/topology]
4.[routing]
5.    oddeven
6.[/routing]
7.[sel]
8.    random
9.    bufferlevel
10.   nop
11.[/sel]
12.[pir]
13.   0.01 0.05 0.02 poisson
14.[/pir]
15.[default]
16.   -sim 10000
17.   -warmup 2000
18.   -size 8 8
19.   -buffer 4
20.[/default]
21.[aggregation]
22.   pir
23.[/aggregation]
24.[explorer]
25.   simulator ../bin/noxim
26.   repetitions 20
27.[/explorer]
```

图 3.5　Noxim Explorer 的配置文件

① 指定参数类。如图 3.5 中 1～14 行的 topology、routing、sel、pir 等选项信息的设置。带有方括号的参数名中说明仿真参数的设置值,如 1～3 行信息设置的拓扑规模为 8×8,即水平方向和垂直方向各有 8 个节点。一个选项参数可以设定多个不同的值,每行放一个取值。如 7～11 行,将路由选择基准 sel 的参数值设置为 random 和 bufferlevel,Noxim 运行时,会将 sel 参数分别设置为 random 和 bufferlevel 运行 2 次,并将仿真结果存储在两个文件中。

② 默认参数类。默认参数放在 default 选项中,每个默认参数值的设置与命令行参数设置的方法相同,出现在 default 选项中的参数值将不会出现在仿真输出文件的文件名中。

③ 统计聚合参数类。聚合参数放在 aggregation 选项中,如图 3.5 中 21～23 行指定 pir 为汇聚参数。12～14 行指定 pir 的最小值为 0.01,最大值为 0.05,步进值为 0.02,那么注入率 pir 将会被设置为 0.01、0.03、0.05,3 个不同的值仿真 3 次,由于 pir 是统计聚合参数,3 次仿真的结果将会合并到同一个文件中,形成数据报表。

④ 仿真器设置类。仿真器设置类参数放在 explorer 选项中,如图 3.5 中 24～27 行,其中 simulator 选项指定了 Noxim 可执行文件的路径,repetitions 选项说明了重复仿真次数。如果在编译 Noxim 时没有另行指定,Noxim 可执行文件位于其根目录的 bin 文件夹下。

(3) 在 Cygwin 窗口的 other 文件夹下使用命令"./noxim_explorer./ sim.cfg"启动仿真,该命令默认的仿真配置文件 sim.cfg 放置在 other 文件夹下。Noxim Explorer 编译和运行的完整过程如图 3.6 所示。可以看到,程序运行了 6 次,路由选择标准 sel 分别设置为 random 和 bufferlevel。在每种选择标准下,注入率分别设置为 0.01、0.03、0.05。

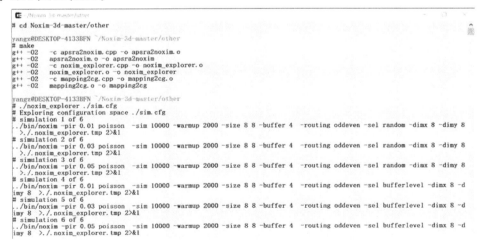

图 3.6　Noxim Explorer 的编译与运行

（4）查看仿真结果。由图 3.6 可知，Cygwin 控制台显示了几次仿真的仿真参数，而仿真结果则存放在 other 文件下，文件名由非统计聚合类的指定参数构成，后缀为 .o。图 3.6 中产生的两个仿真结果文件名如下：

```
routing_oddeven_sel_bufferlevel_topology_8×8_.o
routing_oddeven_sel_random_topology_8×8_.o
```

使用任意文本编辑器可以打开查看仿真结果，如图 3.7 所示。可以看到，图 3.7 对不同注入率下的平均延时、吞吐率、最大延时、总能耗、收到的数据包总数与微片总数等统计值以表格的形式进行了对比，非常便于进行数据的可视化分析。

```
D: > cygwin > home > yangz > Noxim-3d-master > other > C routing_oddeven_sel_bufferlevel_topology_8x8_.m
1    % fname: routing_oddeven_sel_bufferlevel_topology_8x8_.m
2    % ../bin/noxim -routing oddeven -sel bufferlevel -dimx 8 -dimy 8  -sim 10000 -warmup 2000 -size 8 8 -buffer 4
3
4    function [max_pir, max_throughput, min_delay] = routing_oddeven_sel_bufferlevel_topology_8x8_(symbol)
5
6    data = [
7    %           pir        avg_delay      throughput       max_delay     total_energy        rpackets        rflits
8               0.01        22.8701        0.0805352            120      0.000138842            5156           41234
9               0.03        2910.51        0.0732813           9726      0.000236383            4691           37520
10              0.05        4052           0.073752            9055      0.000235751            4721           37761
11   ];
```

图 3.7　仿真结果统计

3.3　Noxim 的程序结构

Noxim 软件由配置模块、数据包定义模块、路由单元组件模块、资源节点模块、拓扑结构模块和性能仿真模块组成。在软件中，这些模块以类的形式独立定义，然后通过主程序组合。设计者只需要将配置参数写入命令行并启动软件，Noxim 软件就会根据模块中的电路时序来描述并行模拟拓扑中的数据交换情况，并通过性能统计和波形生成模块输出仿真过程中的数据传输和电路信号变化结果。Noxim 软件的整体结构如图 3.8 所示。

整个 Noxim 仿真环境可以分为两个部分，即人机交互和 NoC 架构。人机交互部分用于解析用户的命令行并生成统计结果；NoC 架构部分则是片上网络的直接体现，通过学习这一部分内容，可以直观地了解 NoC 的结构。其中几个文件对于理解 NoC 的结构非常重要。NoximNoC 定义了片上节点的互连关系，而片上节点由 NoximTile 进行描述。一个 Tile 包含一个资源节点和一个路由节点。资源节点根据流量模型决定数据发送的时间和目的节点；路由节点则根据特定的路由策略和选择策略确定数据转发端口，并实现转发。

对于 NoC 架构的设计者和研究者来说，仅通过设置仿真参数来进行设计空间的探索是不够的。发现设计问题需要充分理解现有的 NoC 架构的工作原理，而创新设计的验证则不能仅依靠现有仿真环境的功能来完成。通过学习仿真软件的代码来深入了解现有的 NoC 架构,并进一步识别设计问题,是必经之路。单独学习代码或单独学习 NoC 的理论知识都会延缓初学者的入门进程。本章的其余部分将结合 Noxim 代码解释 NoC 研究领域的部分概念、原理和方法,希望能够为初学者提供帮助。

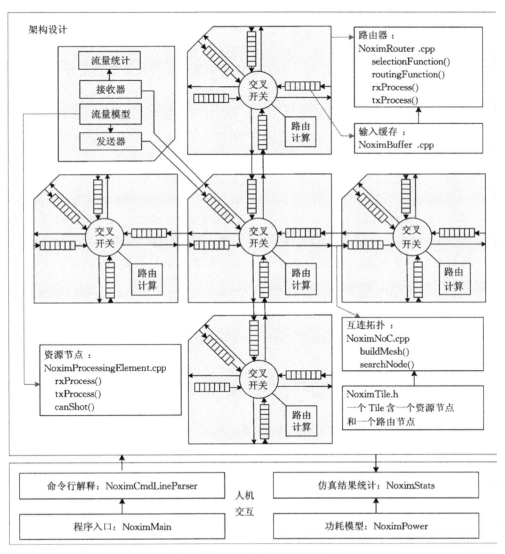

图 3.8　Noxim 软件的整体结构

3.4　拓　扑　生　成

3.4.1　Tile 模块

拓扑生成在 NoximNoC 文件中完成,构成拓扑的基本要素是 Tile。一个 Tile 含一个资源节点和一个路由节点,由文件 NoximTile.h 定义。Noxim 基于 SystemC 编写,每个文件封装为一个模块(module),模块的描述思想与硬件描述语言 Verilog 非常相似。

模块对外的引脚用 sc_in_clk、sc_in、sc_out 3 种关键字来定义,分别代表时钟引脚、数据输入引脚和数据输出引脚。以下代码展示了 Tile.h 中部分引脚的定义。

```
sc_in_clk clock;                            // 时钟输入
sc_in < bool> reset;                        // 复位信号,类型为 bool 量
sc_in < NoximFlit> flit_rx[DIRECTIONS];     // 数据接收链路,类型为 NoximFlit
sc_in < bool> req_rx[DIRECTIONS];           // 向输入缓存区请求发送数据,类型为 bool 量
sc_out < bool> ack_rx[DIRECTIONS];          // 输入缓存区允许接收数据,类型为 bool 量
```

模块与模块之间的引脚连接通过 sc_signal 定义的信号量进行,下面是 Tile.h 中实现资源节点与路由节点之间连接的部分代码:

```
r->flit_rx[DIRECTION_LOCAL](flit_tx_local);
r->req_rx[DIRECTION_LOCAL](req_tx_local);
r->ack_rx[DIRECTION_LOCAL](ack_tx_local);
pe->flit_tx(flit_tx_local);
pe->req_tx(req_tx_local);
pe->ack_tx(ack_tx_local);
```

其中,r 与 pe 分别代表路由器与资源节点的一个实例。路由器本地端口的 flit_rx 引脚与资源节点的 flit_tx 通过相同的信号量 flit_tx_local 实现连接;路由器本地端口的 req_rx 引脚与资源节点的 req_tx 通过相同的信号量 req_tx_local 实现连接;路由器本地端口的 ack_rx 引脚与资源节点的 ack_tx 通过相同的信号量 ack_tx_local 实现连接。通过对 Tile.h 完整文件的解读,可以得到如图 3.9 所示的 Tile 模块的结构图。

在图 3.9 中,Tile 对外提供了 4 个端口与 Mesh 拓扑相邻节点的连接,4 个端口分别称为东端口 East(E)、西端口 West(W)、南端口 South(S)、北端口 North(N),对

于 3D NoC 还会额外增加两个端口,即 Up 和 Down,以实现垂直方向的连接。每个端口有 4 组交互信息:发送链路(flit_tx、req_tx、ack_tx),接收链路(flit_rx、req_rx、ack_rx),用于实现 BufferLevel 选择策略的交互信息(free_slots_neighbor、free_slots),以及用于实现 NoP 选择策略的交互信息(NoP_data_out、NoP_data_in)。

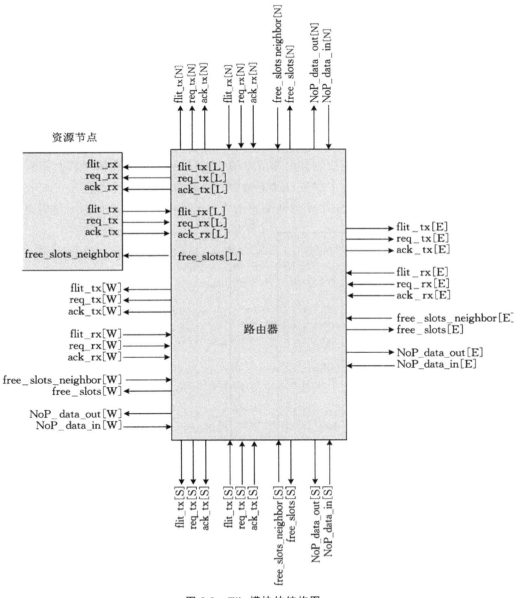

图 3.9　Tile 模块的结构图

3.4.2　NoC 拓扑创建

NoC 拓扑创建的工作通过 NoximNoC 文件中的 buildMesh() 函数来实现。该函数具体有 3 项任务：

（1）依据拓扑规模参数（保存在全局变量 NoximGlobalParams::mesh_dim_x，NoximGlobalParams::mesh_dim_y，NoximGlobalParams::mesh_dim_z 中，并在命令行解析时提取）创建 Tile 模块矩阵。每个 Tile 模块都有唯一的节点标识 tile_id，由其三维坐标(x,y,z)转换而来，转换关系是：tile_id$=x*$dim_z$*$dim_y$+y*$dim_z$+z$。

（2）通过信号将相邻节点的对应端口连接起来。即将一个节点的东端口连接到其东邻节点的西端口；将西端口连接到其西邻节点的东端口；将北端口连接到其北邻节点的南端口；将南端口连接到其南邻节点的北端口；将上端口连接到其上邻节点的下端口；将下端口连接到其下邻节点的上端口，这样便构建出一个如图 1.8 所示的三维 Mesh 结构。图 3.10 展示了相邻两个路由节点的东端口与西端口的连接情况。

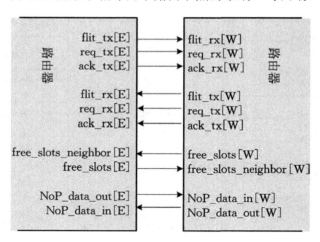

图 3.10　相邻两个路由器的端口连接

在互连信息中，发送链路和接收链路中的 req、ack 是实现数据可靠传输的握手协议信息。在 Noxim 中，路由节点内部仅设置了输入缓存器，而没有设置输出缓存器，这样设计可以降低路由节点的转发延时、面积开销和能耗开销，在数据转发时直接进入下一跳路由器的输入缓存。Noxim 采用的握手协议为交替位协议（alternating bit protocol，ABP），将在下一节数据收发进程中详细介绍。

（3）切断边界路由节点闲置的端口连接。这些边界节点的闲置端口包括：最东端节点的东端口、最西端节点的西端口、最南端节点的南端口、最北端节点的北端口、最上端节点的上端口，以及最下端节点的下端口。由于这些端口没有与其他端口实现互连，因此必须将其设置为零。

需要注意的是，3D NoC 的垂直端口通过 TSV 实现互连。由于 TSV 的直径较大，在片上面积受限的情形下，无法为每个路由端口都设置一个垂直端口。如果在仿真过程中通过文件指定哪些节点有 TSV 垂直端口，那么在创建拓扑时就要切断没有 TSV 垂直端口的路由器的上下端口。TSV 的分布情况记录在全局参数 NoximGlobalParams::has_tsv 中。

如果用户设计了新的拓扑结构，可以在 NoximNoC 文件的 CreateMesh（）函数中更改节点间的互连关系。

3.5　资 源 节 点

3.5.1　数据的收发

Noxim 在 NoximProcessingElement 文件中描述了资源节点数据的收发过程，分别封装在函数 rxProcess（）和 txProcess（）中。两个进程同步于时钟的上升沿，每个周期执行一次。该进程的触发通过 SystemC 实现，只需将 rxProcess（）和 txProcess（）设置为 SC_METHOD 函数，并用 sensitive 指定其敏感信号即可。代码在 NoximProcessingElement.h 头文件中，如下：

```
SC_CTOR(NoximProcessingElement){
    SC_METHOD(rxProcess);
    sensitive<<reset;
    sensitive<<clock.pos();
    SC_METHOD(txProcess);
    sensitive<<reset;
    sensitive<<clock.pos();}
```

rxProcess（）与 txProcess（）两个进程通过 ABP 协议实现握手过程。在该协议中，发送节点和接收节点各自维护一个状态信息，即 current_level_rx 和 current_level_tx。每次收发数据时，状态都会发生翻转。在发送端，当接收方反馈的确认信息 ack_tx 与本地的状态信息 current_level_rx 一致时，表示前一次数据已经被成功接收；在接收端，当发送方反馈的请求信息 req_rx 与本地的状态信息 current_level_rx 不一致时，表示发送方已将数据加入传输链路。ABP 协议工作过程如下：

（1）发送方和接收方的状态信息 current_level_rx 和 current_level_tx 初始化为 0。

（2）在发送方，当确认信息 ack_tx 与 current_level_tx 均为 0 时，开始发送数据至 flit_tx 上，并将 current_level_tx 取反变为 1，然后送到请求信息 req_tx 上。

（3）在接收方，当请求信息 req_rx 为 1，current_level_rx 为 0 时，从 flit_rx 读取信息，将 current_level_rx 取反变为 1，然后送到确认信息 ack_rx 上。

（4）在发送方，当确认信息 ack_tx 与 current_level_tx 均为 1 时，开始发送数据至 flit_tx 上，然后将 current_level_tx 取反变为 0，并送到请求信息 req_tx 上。

（5）在接收方，当请求信息 req_rx 为 0 且 current_level_rx 为 1 时，从 flit_rx 读取信息，将 current_level_rx 取反变为 0，并送到确认信息 ack_rx 上。如此循环。

从上述信息可以看出，ABP 协议只需 2 次握手过程即可实现一次数据传输。函数 rxProcess() 与 txProcess() 主要是实现了 ABP 协议的过程。

3.5.2 流量模型

txProcess() 函数中，首先使用 canShot() 函数生成数据包，并将其压入数据包队列 packet_queue；其次，使用 nextFlit() 函数从 packet_queue 中取出一个 flit 发送。canShot() 函数有两个主要任务：一是根据注入率和流量的时间分布模型判断是否需要生成新的数据包，若需生成则执行第二个任务，即根据流量的空间分布模型确定数据的目的节点。

数据包的生成时间主要由全局变量 NoximGlobalParams::probability_of_retransmission 确定，该变量在 NoximCmdLineParser 文件中，通过命令行解析中已经计算获得，计算的依据是命令行中注入率（-pir）设置下的 R 参数和 Type 参数。通过解读代码可以快速得到几种时间分布下发送概率的计算方法，这里不再赘述。代码如下：

```
if(! strcmp(arg_vet[i],"-pir")){
        NoximGlobalParams::packet_injection_rate=atof(arg_vet[++i]);
        char*distribution=arg_vet[++i];
        if(! strcmp(distribution,"poisson"))
                NoximGlobalParams::probability_of_retransmission=
                NoximGlobalParams::packet_injection_rate;
        else if(! strcmp(distribution,"burst")){
                float burstness=atof(arg_vet[++i]);
                NoximGlobalParams::probability_of_retransmission=
                NoximGlobalParams::packet_injection_rate/(1-burstness);
        } else if (! strcmp(distribution,"pareto")){
```

```
float Aon=atof(arg_vet[++i]);
float Aoff=atof(arg_vet[++i]);
float r=atof(arg_vet[++i]);
NoximGlobalParams::probability_of_retransmission=
 NoximGlobalParams::packet_injection_rate*pow((1-
r),(1/Aoff-1/Aon));
        }else if(!strcmp(distribution,"custom"))
NoximGlobalParams::probability_of_retransmission=
atof(arg_vet[++i]);
}
```

　　流量的空间分布在命令行解析时放置于全局参数 NoximGlobalParams∷traffic _ distribution 中。无论是哪种空间分布,最终的目标都是确定源节点和目的节点之间的匹配关系。通过改变这种匹配关系,可以模拟网络中不同的拥塞状况。例如,当所有节点都向同一个目的节点发送数据时,该目的节点周围就容易形成拥塞。通过分析每种空间分布下的实现代码,可以了解具体的分布情况。这里以流量模型 Transpose1 为例进行解析,代码如下:

```
NoximPacket NoximProcessingElement::trafficTranspose1(){
        NoximPacket p;
        p.src_id=local_id;
        NoximCoord src,dst;
        //Transpose 1 destination distribution
        src=id2Coord (p.src_id);
        dst.x=NoximGlobalParams::mesh_dim_x-1-src.y;
        dst.y=NoximGlobalParams::mesh_dim_y-1-src.x;
        dst.z=NoximGlobalParams::mesh_dim_z-1-src.z;
        fixRanges(src,dst);
        p.dst_id=coord2Id(dst);
        p.timestamp=sc_time_stamp().to_double()/1000;
        p.size=p.flit_left=getRandomSize();
        return p;}
```

　　通过代码解读,可以得到源节点、目的节点之间的匹配关系。例如,在 $8\times8\times4$ 的拓扑规模下,源节点(0,0,0)对应的目的节点是(7,7,3),即从第 0 层左上角的节点发送至第 3 层右下角的节点。不难发现,该流量模型是一种对角模型,源节点、目的节点以对角线为对称轴。

3.5.3　数据包结构

在 NoC 中,资源节点之间以数据包的形式进行核心通信,而数据包又由若干数据宽度相等的微片构成。在 Noxim 仿真环境中,数据包根据功能不同被分为 3 种微片:头微片、体微片和尾微片。头微片通常包含路由信息,而体微片和尾微片则可以携带有用信息。在 NoximMain 文件中,分别使用结构体 NoximPacket 和 NoximFlit 定义数据包及微片。微片定义如下:

```
struct NoximFlit {
    int src_id;                    //源节点地址
    int dst_id;                    //目的节点地址
    NoximFlitType flit_type;       //微片类型
    int sequence_no;               //序列号
    NoximPayload payload;
    double timestamp;              //时间戳
    int hop_no;                    //从源节点到目的节点的当前跳数
    inline bool operator==(const NoximFlit & flit)const {
    return (flit.src_id==src_id && flit.dst_id==dst_id
    && flit.flit_type==flit_type
    && flit.sequence_no==sequence_no
    && flit.payload==payload && flit.timestamp==timestamp
    && flit.hop_no==hop_no);
}};
```

数据包的定义如下:

```
struct NoximPacket {
    int src_id;
    int dst_id;
    double timestamp;
    int size;
    int flit_left;              //数据包中还未注入网络中的微片数
    NoximPacket(){}
    NoximPacket(const int s,const int d,const double ts,const int sz){
    make(s,d,ts,sz);
    }
    void make(const int s,const int d,const double ts,const int sz){
    src_id=s;
    dst_id=d;
```

```
timestamp=ts;
    size=sz;
    flit_left=sz;
    }
};
```

在仿真环境中,微片的定义没有区分头微片、体微片和尾微片,而是通过属性 flit_type 来区分不同类型。在具体实现中,微片中的大多数属性仅存于头微片中。头微片必定包含源节点地址、目的节点地址和微片类型,但其他属性字段取决于具体应用,用户可以根据自己的需求定制属性。如在需要通信质量管理的应用中,可以增加优先级属性、带宽需求属性等;在某些拓扑动态变化的应用中,可以采用源节点路由,由 Flit 自身携带路由信息,而不是在路由节点计算路由信息。

3.6　路由的基本原则

路径分配是路由节点的一项重要功能,路由策略决定数据包沿哪条路径到达目的地点,对于路由节点而言,要确定将数据包转发到哪个输出端口。无论路由策略的设计目标是什么,首先必须避免活锁、死锁和饿死问题。

3.6.1　活锁问题

所谓活锁,是指数据包在 NoC 中不停转发而无法到达目的节点的情形。在最短路径路由的情况下,不会存在活锁问题,而在出于避免拥塞、拓扑自适应、散热等目的采用非最短路径路由的情况下,可能出现活锁问题。图 3.11 展示了最短路径路由和非最短路径路由两种情况的对比。

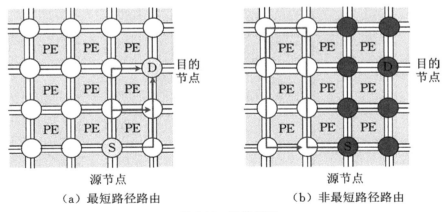

（a）最短路径路由　　　　　　　　（b）非最短路径路由

图 3.11　活锁问题

在图 3.11(a) 所示的最短路径路由情形下,数据包总是从源节点向目的节点所在的方向转发,每转发一跳都意味着向目的节点靠近一点,因此不存在活锁问题。而在图 3.11(b) 所示的非最短路径路由情形下,由于源节点、目的节点处于一片流量拥塞区域,为了避开拥塞,路由算法选择了非最短路径向背离目的节点的方向转发,最终数据包转发一圈又回到了初始节点,有可能会继续在 NoC 中循环转发。

解决活锁问题主要有两种方法。一是设置数据转发的最大跳数。当实际转发的跳数超过该值时,将数据包从网络中移除并通知发送节点重传。二是限制数据包沿着非最短路径转发的次数。当超过该次数时,必须按最短路径路由转发,在这种机制下不需要数据重传。

3.6.2 饿死问题

饿死问题与死锁问题是数据包在网络中长期得不到转发的两种情况,但其成因不同,因此解决方法也有所不同。

饿死问题出现在资源争用的情况下。例如,路由节点的两个输入端口同时争用一个输出端口。在有通信质量管理的 NoC 中,常给数据流赋予不同优先级,低优先级的数据流在资源争用环节就会出现长期得不到转发的情况,通过动态调整数据流的优先级可以有效地克服饿死问题。

在某些不存在优先级,采用轮流服务的情况下,也可能出现饿死问题。如路由器在数据转发时,通常会轮流为每个端口服务。当出现图 3.12 所示的通信热点(如多核系统中的存储器控制器)时,就会出现通信资源分配不均衡的问题。

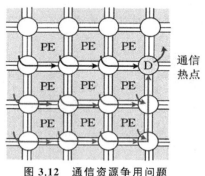

图 3.12 通信资源争用问题

如图 3.12 所示,在通信热点处,南端口有 8 个数据流争用本地端口带宽,而西端口有 3 个数据流争用本地端口带宽,若轮流为两个端口服务,显然南端口的单个数据流获得的带宽小于西端口的单个数据流获得的带宽。事实上,数据流源节点和目的节点距离越远,获得的带宽越小。正如 1.3.5 节讨论的那样,使用轮流服务的路由器

构成的 n 维网络中,距离为 N 跳的节点间通信带宽是整个链路带宽的 $1/(2n)^N$,极端情况下就出现部分数据包得不到转发的情形。解决这一问题的方法是,将按端口服务改为按数据流服务。

3.6.3　死锁问题

　　所谓死锁,是指网络中一组节点由于没有空闲缓存区而无法接收和转发数据报文,节点之间相互等待的一种现象。出现死锁的原因是在通信流图中,数据传输的通道间存在环相关,如图 3.13 所示。

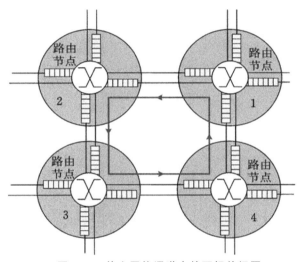

图 3.13　片上网络通道中的环相关问题

　　在图 3.13 中,1 号节点南端口缓存数据正在等待 2 号节点东端口的输入缓存,而 2 号节点东端口的缓存数据又在等待 3 号节点北端口的输入缓存,3 号节点北端口的缓存数据正在等待 4 号节点西端口的输入缓存,而 4 号节点西端口的缓存数据又在等待 1 号节点南端口的输入缓存,从而形成了片上缓存资源的等待环。

　　等待环的形成必然涉及四个方向的路由转向,检查路由算法是否会产生死锁,主要看路由所有允许的转向是否构成一个环,而克服死锁只需通过禁止某些路由转向即可去除通道间的环相关,因此形成了所谓的转弯模型。

　　死锁现象也可以通过增加虚通道来避免,将物理通道逻辑上划分为若干条虚通道,每条通道都有自己独立的缓存。由节点和虚通道组成的网络称为虚拟网络,不同虚拟网络的通道集不相交,使得相应的路由函数在通道间不存在环相关。Noxim 中的路由机制不支持虚通道,因此无死锁路由主要是通过禁止转弯来实现的。

3.7 路 由 策 略

无死锁路由策略分为确定性路由和自适应路由两类,在确定性路由的情况下,路由策略只能通过计算确定唯一一个转发端口。而在自适应路由的情况下,在保证无死锁的前提下,可能会计算出两个以上的转发端口,此时选择策略将根据特定的选择标准进行转发端口的选择。确定性路由的实现开销较小,而自适应路由则在容错路由、拥塞感知路由、拓扑感知路由及散热管理机制下有广泛应用。在 Noxim 中,路由策略封装在 NoximRouter 中的 routingFunction() 函数中,首先将数据包转发至目的层,其次在水平层将数据包转发至目的节点。水平层中的无死锁确定性路由主要是维序路由 RoutingXY(),而无死锁自适应路由则基于转弯模型,包括西优先 routingWestFirst()、北最后 routingNorthLast()、负优先 routingNegativeFirst() 及奇偶转弯 routingOddEven()。

3.7.1 维序路由

RoutingXY() 函数实现的是维序路由,即在路由过程中,首先沿着 X 方向到达目的列,再沿着 Y 方向到达目的节点。为了证明 RoutingXY() 的无死锁性,构造了 4 种可能的通信场景,分别是$(x_s<x_d, y_s<y_d)$、$(x_s>x_d, y_s<y_d)$、$(x_s<x_d, y_s>y_d)$、$(x_s>x_d, y_s>y_d)$。其中,x_s 和 x_d 分别是源节点和目的节点的横坐标,y_s 和 y_d 分别是源节点和目的节点的纵坐标。4 种场景下的通信路径如图 3.14 所示。

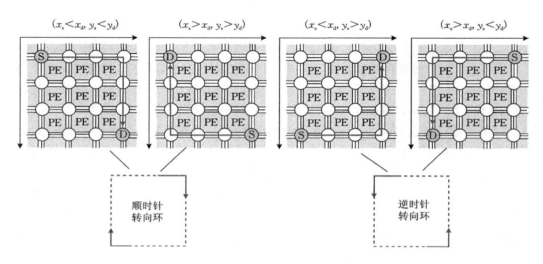

图 3.14 XY 维序路由下的转向环

通过分析,XY 维序路由下的顺时针转向环和逆时针转向环各禁止两个转向,因此不会产生死锁。同理,其他形式的维序路由也不会形成闭合的转向环。当二维路由扩展到三维后,只要确保每个平面(xOy、yOz、xOz)都不会产生闭合的顺时针转向环和逆时针转向环,就可以避免死锁。在 Noxim 中,先完成 Z 方向的路由,再按 XY 维序路由,即在三维平面内采用 ZXY 路由,每个平面内都是不会产生无死锁的。在实现代码中,完整的路由计算过程分布在 route( )、routingFunction( )和 RoutingXY( ) 3 个函数中,其中,route( )用于判断是否到达目的节点,routingFunction()完成 Z 方向的路由,RoutingXY()完成 XY 平面内的路由。为了让读者更好地理解 3D Mesh NoC 中的完整过程,将 3 个函数中与路由有关的代码整合为一个函数 routingZXY()如下:

```
int routingZXY(const NoximRouteData & route_data){
        NoximCoord position=id2Coord(route_data.current_id);
        NoximCoord src_coord=id2Coord(route_data.src_id);
        NoximCoord dst_coord=id2Coord(route_data.dst_id);
        if(route_data.dst_id==local_id)
            return DIRECTION_LOCAL;
        else if(dst_coord.z>position.z)
            return DIRECTION_UP;
        else if(dst_coord.z<position.z)
            return DIRECTION_DOWN;
        else if(destination.x>current.x)
            return DIRECTION_EAST;
        else if(destination.x<current.x)
            return DIRECTION_WEST;
        else if(destination.y>current.y)
            return DIRECTION_SOUTH;
        else if(destination.y<current.y)
            return DIRECTION_NORTH;
    }
```

3.7.2　转弯模型

在确定性路由的分析过程中,我们发现维序路由在顺时针转向环和逆时针转向环中都禁止了两个转弯,这虽然避免了路由死锁,但也使数据的传输路径唯一化,在流量分布不均匀或出现温度热点等特殊情况下,无法提供其它可选路径,从而影响网络的整体通信性能。转弯模型在顺时针转向环和逆时针转向环中只禁止一个转向环来保证路由无死锁,可以提供相对较大的路径选择自适应度。较为经典的转弯模型有3种形式,分别称为西优先(west first)、北最后(north last)、负优先(negative first)。

3.7.2.1 西优先转弯模型

西优先转弯模型是指如果目的节点在源节点西侧,则必须优先向西转发数据,直至将数据包转发至目的节点所在列。在该种转弯规则下,构造了4种通信场景,其可选的通信路径如图3.15所示。

由图3.15可知,在西优先转弯模型下,东向数据流可以任意转向,而西向数据流则不允许由南向西转向或由北向西转向。表现在转向环中,就是在顺时针转向环中禁止由南向西转向,在逆时针转向环中禁止由北向西转向,从而避免了路由死锁。该转弯模型为东向数据流提供了较高的自适应度,也就是说有较多的可选路径。而西向数据流由于禁止了某些转向,只能进行 XY 维序路由,只有唯一的通信路径。这最终将导致处于东侧路由器流量偏小,而西侧路由器流量偏大,从而容易产生拥塞。

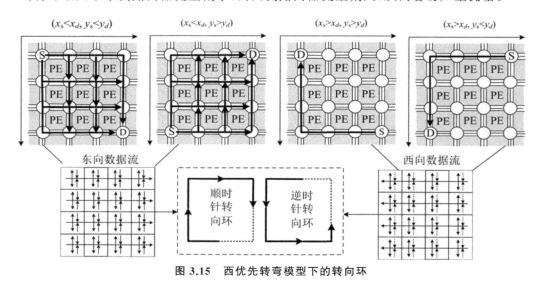

图 3.15 西优先转弯模型下的转向环

水平面内的西优先转向模型封装在 routingWestFirst() 函数中,如下所示:

```
vector<int>NoximRouter::routingWestFirst
            (const NoximCoord & current,const NoximCoord & destination)
    {
        vector<int>directions;
        if(destination.x<=current.x || destination.y==current.y)
```

```
    return routingXY(current.destination);    //西向数据流采用维序路由
    if(destination.y<current.y){                //东向数据流,目的节点在北侧
      directions.push_back(DIRECTION_NORTH);   //可用端口 EAST、NORTH
      directions.push_back(DIRECTION_EAST);
    } else {                                    //东向数据流,目的节点在南侧
    directions.push_back(DIRECTION_SOUTH);     //可用端口 EAST、SOUTH
    directions.push_back(DIRECTION_EAST);
    }
    return directions;
  }
```

3.7.2.2　北最后转弯模型

北最后转弯模型是指如果目的节点在源节点北侧,那么必须最后向北转发数据,在此之前必须先将数据包转发至目的节点所在列。在该种转弯规则下,构造 4 种通信场景,可选的通信路径如图 3.16 所示。

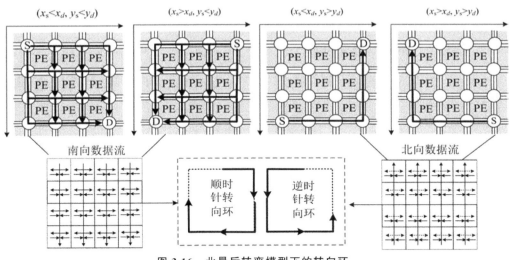

图 3.16　北最后转弯模型下的转向环

由图 3.16 可知,在北最后转弯模型下,南向数据流可以任意转向,而北向数据流则不允许由北向西和由北向东转向。表现在转向环中,就是在顺时针转向环中禁止了由北向东转向,在逆时针转向环中禁止了由北向西的转向,从而避免了路由死锁。与西优先转弯模型类似,该转弯模型为北向数据流和南向数据流提供了不同的自适应度。南向数据流自适应度高,也就是说有较多的可选路径,而北向数据流由于禁止了某些转向,只能进行 XY 维序路由,也就是说只有唯一的通信路径。这最终将导致

处于南侧路由节点流量偏大,而北侧路由节点流量偏小,从而容易产生拥塞。水平面内的北最后转弯模型封装在 routingNorthLast() 函数中,如下所示:

```
vector<int>NoximRouter::routingNorthLast
                    (const NoximCoord & current, cont NoximCoord &
                    destination){
        vector<int>directions;
        if (destination.x==current.x || destination.y<=current.y)// 北向
数据流
            return routingXY(current,destination);
        if (destination.x<current.x){                //南向数据流,目的节点在西侧
        directions.push_back(DIRECTION_SOUTH);//可用端口 WEST、SOUTH
        directions.push_back(DIRECTION_WEST);
        } else {                                      //南向数据流,目的节点在东侧
        directions.push_back(DIRECTION_SOUTH);//可用端口 EAST、SOUTH
        directions.push_back(DIRECTION_EAST);
        }
        return directions;}
```

3.7.2.3 负优先转弯模型

负优先转弯模型禁止了两个转向:不允许从 x 轴的正向转向 y 轴的负向,也不允许由 y 轴的正向转向 x 轴的负向。如图 3.17 所示。

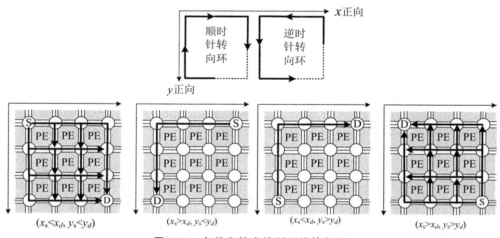

图 3.17 负优先转弯模型下的转向环

当源节点的横、纵坐标均大于或均小于目的节点的横、纵坐标时,不会出现被禁

止的转向,因此具有较高的路径多样性。否则只能先沿着某一个方向的负向,再沿着另一个方向的正向进行路由,也就是优先向负方向转发数据。根据这一规则,我们分析了 4 种通信情形下的路由传输路径,可以看到,仍然有一半的数据流不具有任何自适应度。

3.7.3 奇偶转弯模型

从上面的分析可以看出,西优先、北最后、负优先 3 种转弯模型都会导致自适应度分布的严重不平衡,即两个方向上的数据流只有唯一的传输路径,而另外两个方向上的数据流则有完全的自适应度。

奇偶转弯模型通过排除转向环中的最右列来避免路由死锁,如图 3.18 所示。对于偶数列,禁止由东向南转向与由东向北转向;对于奇数列,禁止由南向西转向与由北向西转向。即东向数据流无法在偶数列向北与向南传输,而西向数据流无法在奇数列向北与向南传输。因此,东向数据流在到达目的偶数列前必须先送达目的行,而西向数据流在到达目的奇数列前也必须先送达目的行。

东向数据流与西向数据流都有某些转弯被禁止,禁止的转弯正好在对应列上形成了很好的互补,因此奇偶转弯模型的自适应度分布要比西优先、北最后、负优先转弯模型均匀得多。值得注意的是,由于奇偶转弯模型禁止的是转向环中的最右列,因此东向数据流可以在源节点所在的列(无论是奇数列还是偶数列)进行北向路由与南向路由,但对于西向数据流则不存在该种情况,这一差异也导致了东向数据流的自适应度略高于西向数据流。

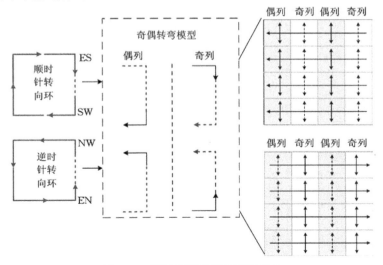

图 3.18 奇偶转弯模型下通信行为

在 Noxim 中,奇偶转弯模型通过 routingOddEven()函数实现。代码如下:

```
vector<int>NoximRouter::routingOddEven(const NoximCoord & current,
                constNoximCoord & source,const NoximCoord & destination)
{
      vector<int > directions;
      int c0=current.x;                  //当前位置横坐标
      int c1=current.y;                  //当前位置纵坐标
      int s0=source.x;                   //源节点横坐标
      int d0=destination.x;              //目的节点横坐标
      int d1=destination.y;              //目的节点纵坐标
      int e0,e1;
      e0=d0-c0;e1=-(d1-c1);              //e0 是目的节点与当前节点的水平距离
      if(e0==0){                         //已到达目标列
      if(e1>0)                           //节点在北
            directions.push_back(DIRECTION_NORTH);
      else                               //节点在南
            directions.push_back(DIRECTION_SOUTH);
      }else{
      if(e0>0){                          //东向数据流
            if(e1==0)                    //在目的行
            directions.push_back(DIRECTION_EAST);
            else{                        //不在目的行
            if((c0%2==1)||(c0==s0)){ //在奇列或源列
               if(e1>0)                  //节点在北
                  directions.push_back(DIRECTION_NORTH);
               else                      //节点在南
                  directions.push_back(DIRECTION_SOUTH);
            }
            if((d0%2==1)||(e0!=1))        //目的列不是奇列,或距离目的列不是 1 跳
               directions.push_back(DIRECTION_EAST);
            }
      }else{                             //西向数据流
         directions.push_back(DIRECTION_WEST);
         if(c0%2==0){                    //当前在偶列
         if(e1>0)                        //目的节点在北侧
            directions.push_back(DIRECTION_NORTH);
         if(e1<0)                        //目的节点在南侧
            directions.push_back(DIRECTION_SOUTH);
         }
      }}}
      return directions;
}
```

3.7.4 自适应度对比

在西优先、北最后、负优先和奇偶转弯模型中,某些转向是被禁止的,因此有一些数据流只有唯一的传输路径,这被称为部分自适应路由,而不禁止任何转向的路由则被称为全自适应路由。图 3.19 展示了在 4 种不同的通信场景下,一对数据流在最短传输路径下的可选传输通路。

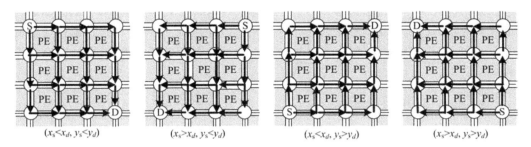

$(x_s<x_d, y_s<y_d)$ $(x_s>x_d, y_s<y_d)$ $(x_s<x_d, y_s>y_d)$ $(x_s>x_d, y_s>y_d)$

图 3.19 最短路径路由下的全自适应路由

衡量部分自适应路由的一个重要标准就是自适应度,其定义为在最短路径下,从源节点到目的节点所有允许的传输路径。假定 d_x 和 d_y 分别为一对数据流的水平距离和垂直距离,则全自适应路由的自适应度可表示为

$$\frac{(d_x+d_y)!}{d_x!\ d_y!} \tag{3.1}$$

在西优先转弯模型的情况下,西向数据流的自适应度为 1,而东向数据流的自适应度与全自适应路由相同。而在奇偶转弯模型的情况下,自适应度的计算相对复杂,其自适应度可总体表示为

$$\frac{(d_y+h)!}{d_x!\ h!} \tag{3.2}$$

对于东向数据流,若源节点在允许转向的列,且目的节点在奇数列,则 h 为 $\frac{d_x-1}{2}$,否则为 $\frac{d_x}{2}$;对于西向数据流,若源节点在允许转向的列或源节点、目的节点在同一列,则 h 为 $\frac{d_x}{2}$,否则为 $\frac{d_x-1}{2}$。

整体而言,奇偶转弯模型的自适应度相比于西优先等转弯模型的自适应度分布要均衡得多。

3.8 选 择 策 略

3.8.1 路由基准

在全自适应路由和部分自适应路由下,路由策略可以获得两个以上的转发端口,选择策略将从多个端口中选择其中一个作为最终的转发方向。例如,拥塞感知的自适应路由将选择流量较小的节点进行转发,热感知的自适应路由将选择温度较低的节点,而容错路由则避开有故障的节点。不同的选择策略所依据的路由标准并不相同。

3.8.1.1 网络拥塞信息

网络中不同节点处的数据流量可能存在较大差异,为了满足大流量节点的精度要求,流量计数器和流量信息的传递需要较高的位宽,这将导致硬件资源耗费严重;而对于流量较小的节点,硬件资源又得不到充分利用。流量分布不均的直接结果是路由资源竞争的不平衡性。流量较大的节点,资源竞争较为激烈,可用资源较少,更易引起拥塞,因此拥塞信息直接反映了流量分布的信息。可通过感知和传递路由拥塞信息来表征和均衡流量的分布。现有文献中使用的拥塞信息标准如下:

（1）可用的缓冲空间(free buffer)。包括单个输入端口的 free buffer 和整个路由器中所有 free buffer 之和。

（2）可用的虚拟通道的数目(free virtual channels)。较少的已占用虚拟通道数目意味着较短的通道复用和分用时间。

（3）垂直总线的传输压力(stress value)。部分三维片上网络在竖直方向上采用 TSV 总线互连,以避免逐跳通信,充分发挥垂直 TSV 高速低耗的特性,但这也加剧了总线上节点的带宽争用。垂直总线的传输压力是垂直总线已占用的数据带宽的体现。

（4）交叉开关需求(crossbar demand)。竞争同一输出端口的活跃请求数目。在具体实现时,要根据自适应路由的需求选择一种或多种路由基准进行融合,以表征网络的拥塞程度。

3.8.1.2 热感知信息

温度是热量分布的表征,节点温度通过温度传感器获得。每个路由节点都配置一个温度传感器,则开销巨大,有文献提出使用基于 CMOS 环形振荡器的节能、高灵敏度温度传感器,但这种方式受电源电压影响较大,当路由交换速度较快时,电源电压波动幅度较大,从而影响测温的精确性。

降低热信息感知开销的方法有两类:一是合理布局温度传感器,通过相邻温度估计当前节点的温度;二是在散热欠佳的位置放置温度传感器,以保障设备的热安全运行,路由时应选择散热较好的芯片外围节点和靠近散热器的节点。

3.8.1.3　拓扑信息

NoC 中部分路由节点由于发生故障或因过热而关闭,导致拓扑结构发生变化,在容错路由和热感知路由下,需要适应动态变化的拓扑信息,绕开故障节点。

3.8.2　路由基准信息融合

在 NoC 自适应路由中,应将延时少、温度低、散热快的路径作为最优路径,因此路由选择基准可能不止一个,而最终选择的转发端口只有一个。在这种情形下,如何将几个不同的路由基准融合在一起作为确定转发端口的依据?

3.8.2.1　加权求和

在垂直方向采用 TSV 总线的 3D NoC 中,总线带宽是争用资源,因此有研究选择使用垂直总线的数据传输压力值 StressValue 作为自适应理由选择垂直链路的依据。StressValue 是通过将总线传输的数据包长度和总线节点输入缓冲区的队列长度信息加权求和而得,即

$$\text{StressValue} = \sum_i \text{PacketLength}_i + \alpha \min\{\text{QueueLength}\} \qquad (3.3)$$

3.8.2.2　基于模糊理论的融合

判断拥塞的路由基准较多,通常使用路由目标端口输入缓冲的拥塞信息和路由的评估信息作为拥塞标准,当输入端口缓冲的拥塞信息接近时,最终的路由决策依赖于路由的拥塞信息进行路由判决。严格的判决界限难以衡量“接近”程度,可能导致欠优的路由。有研究采用基于模糊推理理论的拥塞信息融合方式,通过模糊推理机制将两个基准信息融合为一个判决标准,但模糊推理的硬件实现会导致芯片面积的增加。

3.8.3　路由基准的共享

路由基准的共享范围决定了自适应路由的视野。显然,视野越广,就越容易在全局范围内找到最佳的传输路径,基准信息的传输距离也越远,额外开销也越大。实际的设计是性能与开销之间的均衡,由此形成了 3 种不同的路由基准共享方式。

3.8.3.1 本地共享

NoP（neighbor on path）是一种典型的本地共享技术，仅将温度、流量、拓扑等路由基准信息传递至相邻的路由节点。由于相邻节点距离较近，链路较短，NoP 技术的硬件开销相对较小。同时，传递信息的链路可以有较宽的带宽，从而区分不同的拥塞程度及温度区间。然而，由于 NoP 基于相邻路由节点的信息交换，其路由依据的信息视野较窄，容易导致热点周围的路径拥塞，或由于选择次优路由路径，导致信息传播延时变长。

3.8.3.2 全局共享

全局共享需要各个路由节点建立一个反映全网流量分布、温度分布的集中式数据表，通过网络内所有节点的全局通信（all-to-all communication）收集所有路由节点信息并下传给所有节点，信息数据量大，传输延时较长。若不采用专门的辅助网络传递信息，将会占用较大带宽，增加信息拥塞风险。全局共享还存在设计上的矛盾，即集中式共享表到底是采用单一的全局监控器的形式，还是将其复制到每个路由节点内部。若采用全局监控器的形式，则路由基准信息无法被所有节点实时获取；若将其分发到路由节点中，将会带来较大的硬件开销。

3.8.3.3 区域共享

区域共享是介于本地共享与全局共享之间的一种折中方案，其信息共享范围比本地共享范围要宽，但硬件实现代价比全局共享更低，较为实用的区域共享技术是 RCA（regional congestion awareness）技术。RCA 技术是一种将不同节点处信息集合的轻量级拥塞感知机制，不需要生成集中式数据表，不需要所有节点间通信，也不需要占用有效的数据带宽，仅需要沿着信息传播方向在相邻路由间传递拥塞信息即可。

在 RCA 区域信息共享技术下，网络中的每个路由节点，将本地的拥塞信息与相邻节点的拥塞信息相加，然后逆数据流的传递方向向下一站传递。这样每个路由节点接收到的拥塞信息就是沿一个方向的拥塞信息总和，而不仅是来自相邻节点的拥塞信息。为了突出最近路由拥塞信息对路由决策影响的权重，通常在求和前先对相邻路由传递的信息进行加权处理。

RCA 区域共享有 RCA 1D、RCA Fanin、RCA Quadrant 3 种模式，如图 3.20 所示。其中，RCA 1D 在数据包传输的轴向上具有良好的视野，实现复杂度最小化。

RCA Fanin 可以提供比 RCA 1D 更多的网络状态信息,求和信息除了轴向路由的拥塞信息,还包含两个对角相邻路由的拥塞信息,由于融合了两个方向上方块内的路由信息,容易引入噪声。RCA Quadrant 为了提高精确度,将两个方向上方块内的网络状态形成两个不同的拥塞信息,是硬件开销最大的一种方案。

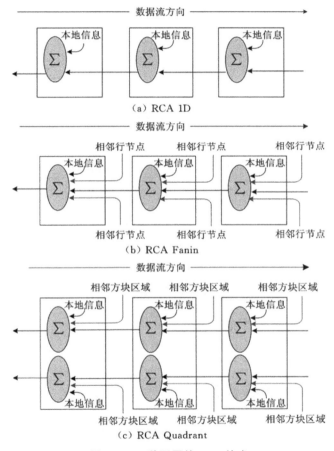

(a) RCA 1D

(b) RCA Fanin

(c) RCA Quadrant

图 3.20   3 种不同的 RCA 技术

RCA 1D 技术比 NoP 技术具有更广泛的感知视野,但在连线资源耗费方面与 NoP 相近,额外的逻辑单元面积消耗较小,然而其饱和注入率却远远高于 NoP 技术。采用 RCA 1D 技术传输路由拥塞信息,可显著提高 NoC 的路由性能。图 3.21 展示了一个路由器内部 RCA 1D 信息的形成和传输过程。

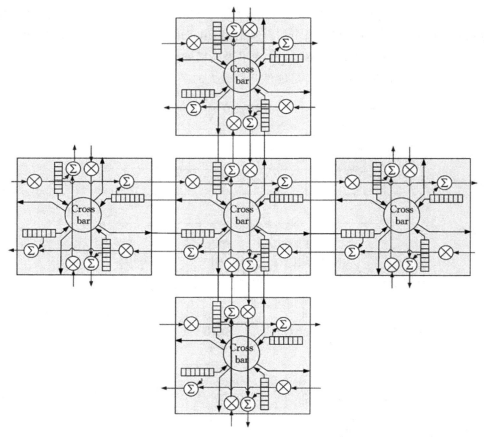

图 3.21   RCA 1D 信息在路由器内的形成和传输

3.8.4   Noxim 中的选择策略

Noxim 中的选择策略封装在 NoximRouter 中的 selectionFunction()函数中，支持随机选择策略 selectionRandom()、基于缓冲空间大小的选择策略 selectionBufferLevel()和基于 NoP 技术的选择策略 selectionNoP()。随机选择策略从可选端口中选择一个转发端口，每个可选择端口被选中的概率是均等的，这个策略实际上没有任何选择基准，通常作为其他策略的对比对象。基于缓冲空间大小的选择策略 selectionBufferLevel()代码如下：

```
int NoximRouter::selectionBufferLevel(const vector<int>&directions)
    {
        vector<int>best_dirs;
        int max_free_slots=0;
```

```
for (unsigned int i=0; i<directions.size(); i++){
    int free_slots=free_slots_neighbor[directions[i]].read();
    bool available=reservation_table.isAvailable(directions[i]);
    if(available){
        if (free_slots>max_free_slots){
            max_free_slots=free_slots;
            best_dirs.clear();
            best_dirs.push_back(directions[i]);
        } else if (free_slots==max_free_slots)
        best_dirs.push_back(directions[i]);
    }
}
if(best_dirs.size())
    return (best_dirs[rand()%best_dirs.size()]);
else
    return (directions[rand()%directions.size()]);
}
```

selectionBufferLevel()函数中的输入参数 directions 存放着路由策略找到的可选转发方向,然后通过对比找到具有最多空闲缓冲的路由方向。NoP 选择策略主要封装在 selectionNoP()函数中,代码如下:

```
int NoximRouter::selectionNoP(const vector<int>&directions,
                              const NoximRouteData & route_data)
{
    vector<int>neighbors_on_path;
    vector<int>score;
    int direction_selected=NOT_VALID;
    int current_id=route_data.current_id;
    for (unsigned int i=0; i<directions.size();i++ ){
    int candidate_id=getNeighborId(current_id.directions[i]);
                                //读取可选路由方向上的下一个节点
    NoximRouteData tmp_route_data;
    tmp_route_data.current_id=candidate_id;
    tmp_route_data.src_id=route_data.src_id;
    tmp_route_data.dst_id=route_data.dst_id;
    tmp_route_data.dir_in=reflexDirection(directions[i]);
    vector<int>next_candidate_channels=routingFunction(tmp_route_data);
                                //计算传输路径上下一个节点的可选端口
```

```
        NoximNoP_data nop_tmp=NoP_data_in[directions[i]].read();
                                 //读取待选方向的 NoP 数据
        score.push_back(NoPScore(nop_tmp.next_candidate_channels));
                                    //为待选方向打分
    }
    int max_direction=directions[0];        //找到分值最高的待选方向
    int max=score[0];
    for(unsigned int i=0; i<directions.size(); i++){
        if (score[i]>max){
                max_direction=directions[i];
                max=score[i];
        }
    }
    vector<int>equivalent_directions; //若有两个以上的待选方向有最高
    分,则随机选择
  for (unsigned int i=0; i<directions.size();i++)
    if(score[i]==max)
        equivalent_directions.push_back(directions[i]);
  direction_selected = equivalent_directions[rand()% equivalent_
directions.size()];
    return direction_selected;
}
```

selectionNoP()函数操作相对于 selectionBufferLevel()函数较为复杂,因此构造图3.22 所示场景以更形象地说明其原理。

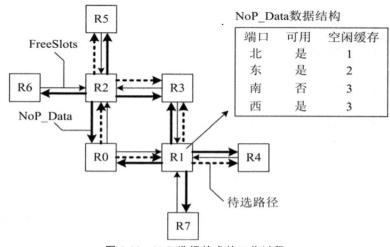

图 3.22　NoP 选择技术的工作过程

假设在当前路由下,某数据包在路由节点 R0 有两个待选方向,可将数据包转发至 R1、R2,接下来给每个待选方向评分。以东向为例,首先计算下一跳路由 R1 的地址,再通过路由算法计算数据包在路由节点 R1 的可选转发方向,在这里,有东端口和北端口,可分别转发给 R4 和 R3。然后,路由器 R0 读取 R1 反馈的 NoP 数据,其中包括 R1 的每个端口是否可用以及该方向上的空闲缓存。由于数据包在 R1 的待选路由方向只有北向和东向,因此路由器 R0 根据来自 R1 的 NoP 数据依次检查 R1 北向和东向是否可用,若可用,将对应的空闲缓存单元数累加至评分中;若不可用,则不进行累加。在图 3.22 所示的例子中,R0 对 R1 的 NoP 评分为 3。

NoP 评分过程由函数 NoPScore() 实现。在 NoP 评分结束后,后续操作与 BufferSelection 完全相同。通过上述分析可以发现,BufferSelection 选择策略的基准信息共享视野为 1 跳,而 NoPSelection 选择策略的基准信息共享视野为 2 跳。

值得注意的是,无论是 NoPSelection 还是 BufferSelection,其路由基准都直接或间接地与端口的空闲缓存相关。由于端口的空闲缓存将随着数据转发进程不断更新,因此这些路由基准也需要同时更新。实现这一功能的函数是 bufferMonitor(),该函数由时钟触发,每个时钟周期完成一次更新,代码如下:

```
void NoximRouter::bufferMonitor()
{
    if (reset.read()){
        for(int i=0;i<DIRECTIONS+1;i++)
            free_slots[i].write(buffer[i].GetMaxBufferSize());
    } else {
    if(NoximGlobalParams::selection_strategy==SEL_BUFFER_LEVEL||
        NoximGlobalParams::selection_strategy==SEL_NOP){
        for(int i=0;i<DIRECTIONS + 1;i++)
            free_slots[i].write(buffer[i].getCurrentFreeSlots());
        NoximNoP_data current_NoP_data=getCurrentNoPData();
        for(int i=0;i<DIRECTIONS;i++)
            NoP_data_out[i].write(current_NoP_data);
        }
    }
}
```

3.9　Noxim 的编程语言基础

Noxim 仿真环境采用 C++语言,并基于 SystemC 类库编写。因此具备 C++编程基础,并适度了解 SystemC 类库的使用方法,即可开展 Noxim 的程序解读及代码改写工作。关于 SystemC 类库的详细使用规则可参考由美国学者 J. Bhasker 著、夏宇闻和甘伟翻译的《SystemC 入门》一书[3.2]。但若只是读懂 Noxim 代码并对部分功能进行改写,只需要了解 SystemC 类库的少量内容即可开展。与 SystemC 类库相关的工具图书不同,本节是结合 Noxim 所描述的 NoC 架构,对其中必要的部分进行介绍,读者在初次接触 Noxim 仿真系统时,可结合本节快速入门。已熟悉 SystemC 类库使用方法的读者可忽略本节内容。

　　硬件的基本组成单位是模块。无论采用何种语言,描述一个模块时至少需要明确两类基本问题:一是该模块的输入输出信号是什么? 采用何种激励? 产生哪些输出? 二是该模块能完成什么功能? 实现该功能的具体操作是什么? 该操作的触发信号是什么? SystemC 类库通过"模块""进程""端口""信号"等基本要素来描述这些问题。图 3.23 展示了使用这些要素描述的模块结构。

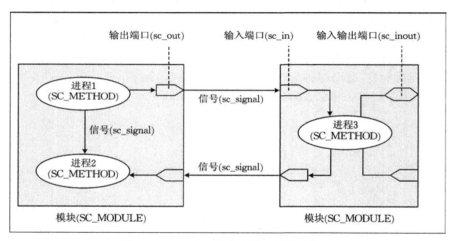

图 3.23　SystemC 类库中的硬件描述要素

　　路由器是 NoC 的基本组件,图 3.8 通过框图描述了如何使用这一基本组件构建 NoC 架构。下文将结合 Noxim 中 Router 的描述,逐步细化 SystemC 类库基本要素的使用规则。

3.9.1　模块

　　模块使用关键字 SC_MODULE 定义,通常定义在头文件中。模块定义的基本框架如下:

```
SC_MODULE (NoximRouter)
{
    1.声明端口;
    2.声明变量;
```

3.声明信号；

4.声明进程函数；

5.声明非进程函数；

6.子模块实例引用指针的声明；

SC_CTOR(NoximRouter){ // 模块的构造函数

7.注册进程,声明敏感列表；

　　}

};

定义模块的基本语法如下：

```
SC_MODULE (模块名)
{
    ........
    SC_CTOR(模块名){
    ........
    }
};
```

SC_MODULE 中必须包含一个构造函数 SC_CTOR(),括号中需要使用与 SC_MODULE 相同的模块名,并与定义该模块的文件名相同,本例中为 NoximRouter。模块中可以有一个或多个并发进程或子模块实例,并发进程需要首先声明,然后在 SC_CTOR 中注册,并指明敏感信号。SC_MODULE 中需要声明模块的端口,以实现与外部环境的数据交换。如有必要,还可声明所需要的信号、变量、子模块实例指针及不需要在 SC_CTOR()中注册的非进程函数。

3.9.2　端口

SC_MODULE 中定义的端口可以是输入端口、输出端口或双向端口,分别使用 sc_in、sc_out、sc_inout 进行声明。Noxim 中 Router 模块定义的端口如下：

```
SC_MODULE (NoximRouter)
{
    sc_in_clk clock;
    sc_in<bool>reset;
    sc_in<NoximFlit>flit_rx[DIRECTIONS+1];
    sc_in<bool>req_rx[DIRECTIONS+1];
    sc_out<bool>ack_rx[DIRECTIONS+1];
    sc_out<NoximFlit>flit_tx[DIRECTIONS+1];
    sc_out<bool>req_tx[DIRECTIONS+1];
    sc_in<bool>ack_tx[DIRECTIONS+1];
    sc_out<int>free_slots[DIRECTIONS+1];
    sc_in<int>free_slots_neighbor[DIRECTIONS+1];
```

```
    sc_out<NoximNoP_data>NoP_data_out[DIRECTIONS];
    sc_in<NoximNoP_data>NoP_data_in[DIRECTIONS];


    SC_CTOR(NoximRouter){ // 模块的构造函数
    .......
    }
};
```

可以看到,端口声明的基本格式如下:

端口类型 <数据类型> 端口名;

若多个端口具有相同的功能和结构,可以采用数组定义。如在 2D Mesh 拓扑结构中,每个路由器需要与东、西、南、北四个方向的相邻路由器及本地的数据处理单元(PE)交换数据载荷和握手信息,因此,端口 flit_rx、flit_tx、req_tx、ack_tx、req_rx、ack_rx 定义的维数为方向数 DIRECTIONS 加 1。而用于 NoP 选择策略的 NoP_data_out、NoP_data_in 仅需要在相邻路由器间交换,因此其维数为路由方向数 DIRECTIONS。

端口类型除可以使用 sc_in、sc_out、sc_inout 等类型外,还有一种特殊的输入类型 sc_in_clk。sc_in_clk 用于声明时钟输入端口,在时序逻辑电路建模时,可以作为触发进程的敏感信号,如在 NoximRouter 模块中的 clock 端口。

端口的数据类型有两类:一类是可用于 SystemC RTL 建模的 C++基本数据类型,包括 bool、int、unsigned int、long、unsigned long、signed char、unsigned char、short、unsigned short、enum、struct 等;另一类是可综合的 SystemC 数据类型,这些类型都冠以 sc 前缀,包括 sc_bit、sc_bv<n>、sc_logic、sc_lv<n>、sc_int<n>、sc_bigint<n>。在 Noxim 中,模块端口的数据类型均采用第一种数据类型。因此,所支持的仿真是周期精确的行为级仿真。当需要对特定模块进行 RTL 级后综合类的硬件仿真,以评估关键路径延迟等参数时,建议通过 Verilog 实现该硬件模块在特定的技术工艺下开展相关工作。

端口的数据类型可以是使用枚举和结构体创建的用户类型,但需要重载赋值("=")、比较("==")、流输出("<<")操作符及 sc_trace()函数。NoximRouter 模块中 flit_rx 和 flit_tx 端口自定义的数据类型为 NoximFlit。flit_rx 和 flit_tx 端口传输的数据实体为微片,可能是头微片、体微片或尾微片。为了便于 NoC 的行为级仿真,Noxim 将传输的数据载荷抽象为 NoximFlit 结构体,其中包含源节点地址、目的节点地址、微片类型、序列号、时间戳等基本路由信息。即在仿真过程中,路由器间传输的实际上是路由信息,而被传输的实际数据对仿真过程是透明的。

需要注意的是,可以直接使用端口的名称进行读写,但当正在读取的端口类型与欲赋值的信号或端口类型不匹配时,可能会出现 C++隐含数据转换规则无法识别的情况,此时就会出现编译错误。避免出现这种情形的方法是:在读取端口数值时采用 read()函数,在向端口写入数值时采用 write()函数。若需要多次读取端口数值时,可以使用 read()函数读取一次,然后保存至变量和信号中,这样就可以加快仿真速度。通过下述两个例句可以体会端口读写的基本方法:

```
NoximFlit received_flit= flit_rx[i].read();
flit_tx[o].write(flit);
```

上述两个语句分别出现在接收进程 rxProcess()和发送进程 txProcess()中,用于实现将输入端口 flit_rx[i]的数值读取至变量 received_flit 中和将数据 flit 写入至输出端口 flit_tx[o]中。

3.9.3　方法与进程

SC_MODULE 是 SystemC 中提供的一个 C++类库,其中定义的方法是 C++类的成员函数。函数和方法可以在进程或其他方法中调用,综合时会将被调用的方法或函数展开插入代码行中,方法中的变量会综合为导线。

一个模块中可以仅有一个进程,也可以有多个进程,需要在构造函数 SC_CTOR()中使用 SC_METHOD()进行注册,并使用"sensitive≪"来指明敏感信号。例如,在 NoximRouter 中共注册了三个进程函数,它们分别是 rxProcess()、txProcess()和bufferMonitor(),进程函数如下:

```
SC_MODULE(NoximRouter)
{
    ......
    void rxProcess();
    void txProcess();
    void bufferMonitor();
    ......
    SC_CTOR(NoximRouter){
      SC_METHOD(rxProcess);
      sensitive<<reset;
      sensitive<<clock.pos();

      SC_METHOD(txProcess);
      sensitive<<reset;
      sensitive<<clock.pos();

      SC_METHOD(bufferMonitor);
      sensitive<<reset;
      sensitive<<clock.pos();
    }
};
```

注册为进程的函数,必须在构造函数 SC_CTOR() 之前声明。进程函数与普通函数的区别在于,进程函数并不会在程序的某个地方被调用,进程执行的条件是触发进程的敏感信号发生变化。对于组合逻辑电路,触发进程的敏感信号通常是异步事件,而在时序逻辑电路中,进程通常同步于时钟的跳变沿。在 NoximRouter 中,rxProcess()、txProcess() 和 bufferMonitor() 3 个进程均为跳变沿触发,敏感信号包括复位信号 reset 和时钟的上升沿 clock.pos()。需要说明的是,注册为进程的函数返回值必须为 void,进程之间通过信号传递信息。

进程中执行的具体操作通常在.cpp 文件中进行描述。从行为仿真的角度看,进程中算法的复杂度可以不受约束,高复杂度的算法可能带来系统性能的提升。例如,在片上网络中,平均网络延时通常用周期数(cycles)来衡量,当采用较复杂的路由算法时,网络的平均延时周期数就有可能降低。但从硬件设计的角度看,进程中的算法复杂度不能无限膨胀。较复杂的算法意味着较大的硬件开销,同时意味着电路关键路径延迟的增大,从而使得时钟周期变长,单个进程中高复杂度的实现算法,有时并不能带来整体性能的提升。当进程中的算法或操作较为复杂时,可以将其切割,分布至不同进程中,进程之间通过信号定义的寄存器进行通信,在硬件上形成所谓的流水线结构。

NoximRouter 的 rxProcess() 进程从输入端口 flit_rx[i] 接收数据并存入对应的输入缓存 buffer[i] 中,而 txProcess() 进程从 buffer[i] 中读取待转发的数据,通过路由算法计算对应的输出端口并转发数据。因此,数据包从一个路由器转发至另一个路由器至少需要两个时钟周期。

对于支持虚通道的复杂路由器,数据转发可能包括路由计算、虚通道分配、开关分配、数据转发等几个必要步骤。将这些操作分配至不同的进程中,可以看到转发一个数据包可能需要更多时钟周期。该特性会影响片上网络的零负荷延时,即在不发生网络资源争用(极低的数据注入率)的情况下的平均数据包延时。

3.9.4 信号

在 SystemC 中,使用关键字 sc_signal 定义。信号与变量的区别在于信号赋值会延迟一个极端时间单位后再生效,而变量赋值则立即生效。在硬件特性上,信号类似于寄存器,而变量则类似于导线。信号有两个必要的使用场景:一是在子模块间进行互连的情形;二是在进程间进行通信的情形。

在 Noxim 中,信号多用于子模块的连接,进程间传递参数使用的寄存器通过成员变量定义。下面展示了 Noxim 中一个 Tile 模块使用信号实现 PE 模块与 Router 模块连接的主要代码。

```
SC_MODULE(NoximTile)
{
    ........
    sc_signal<NoximFlit>flit_rx_local;
    sc_signal<bool>req_rx_local;
    sc_signal<bool>ack_rx_local;
    sc_signal<NoximFlit>flit_tx_local;
    sc_signal<bool>req_tx_local;
    sc_signal<bool>ack_tx_local;
    sc_signal<int>free_slots_local;
    sc_signal<int>free_slots_neighbor_local;

    NoximRouter* r;
    NoximProcessingElement* pe;
    SC_CTOR(NoximTile){
        r=new NoximRouter("Router");
        r->flit_rx[DIRECTION_LOCAL] (flit_tx_local);
        r->req_rx[DIRECTION_LOCAL] (req_tx_local);
        r->ack_rx[DIRECTION_LOCAL] (ack_tx_local);
        r->flit_tx[DIRECTION_LOCAL] (flit_rx_local);
        r->req_tx[DIRECTION_LOCAL] (req_rx_local);
        r->ack_tx[DIRECTION_LOCAL] (ack_rx_local);
        r->free_slots[DIRECTION_LOCAL] (free_slots_local);
        r->free_slots_neighbor[DIRECTION_LOCAL](free_slots_neighbor_local);
        ........
        pe=new NoximProcessingElement("ProcessingElement");
        pe->flit_rx(flit_rx_local);
        pe->req_rx(req_rx_local);
        pe->ack_rx(ack_rx_local);
        pe->flit_tx(flit_tx_local);
        pe->req_tx(req_tx_local);
        pe->ack_tx(ack_tx_local);
        pe->free_slots_neighbor(free_slots_neighbor_local);
    }
};
```

信号的定义与端口十分类似,其基本语法如下:

sc_signal <数据类型> 信号名;

信号可使用的数据类型与 3.9.2 节中所述的端口可使用的数据类型相同。当信号用于实现两个端口的互连时,信号的数据类型需与所连接的两个端口的数据类型保持一致。通过信号连接两个模块端口的基本步骤如下:

1.声明连接两个模块的信号,如代码中的例句:

```
sc_signal <NoximFlit> flit_rx_local;
```

2.声明子模块实例引用指针,如代码中的例句:

```
NoximRouter *r;
NoximProcessingElement *pe;
```

分别声明了指向路由器模块和处理器单元模块的指针。

3.在构造函数中进行元件例化,如代码中的例句:

```
r=new NoximRouter("Router");
pe=new NoximProcessingElement("ProcessingElement");
```

指针 r 和 pe 分别指向例化的路由模块与处理器单元模块。

4.在构造函数中使用信号连接不同模块的对应端口,如代码中的例句:

```
r->flit_tx[DIRECTION_LOCAL] (flit_rx_local);
pe->flit_rx(flit_rx_local);
```

信号 flit_rx_local 连接路由器 r 本地端口的微片发送引脚 flit_tx 和处理器单元 pe 的微片接收引脚 flit_rx。

3.9.5 测试平台构建

测试平台用于测试并验证所设计模块的正确性,为被测模块添加信号激励,并记录响应。激励信号生成模块、被测模块和输出监测模块可分别实现,然后通过 main.cpp 将其互连起来构建一个测试平台。当激励信号生成模块和输出监测模块实现较为简单时,也可以直接嵌入主函数中。

在 main.cpp 中,使用 sc_main(argc,argv)函数将激励信号生成模块、被测模块和输出监测模块连接在一起。需要注意的是,在 SystemC 语法规则下,函数名必须是 sc_main(),其参数 argc、argv 与 C++主函数的定义相同,分别代表可执行文件运行时的参数个数和参数向量。

对于 Noxim 仿真软件,sc_main(argc,argv)函数在 Noximmain.cpp 文件中。由于 Noxim 所构建的 NoC 架构仅需要复位和时钟两个外接的激励信号,路由器间转发的数据载荷由资源节点按特定的流量模型产生。因此,Noxim 没有编写单独的信号激励模块。在 NoC 架构设计中,关注的性能参数如平均延时、吞吐率、平均能耗等,需要在仿真过程中进行跟踪,并在仿真结束后进行统计分析。Noxim 仿真系统中定义了 NoximState 模块和 NoximGlobalStats 模块,分别完成单个节点和整个 NoC 的数据跟踪与统计。Noximmain.cpp 文件中的 sc_main(argc,argv)函数的主

体结构如下:

```
int sc_main(int arg_num,char* arg_vet[])
{
    //1.命令行参数分析
    parseCmdLine(arg_num,arg_vet);
    //2.生成激励信号
    sc_clock clock("clock",1,SC_NS);
    sc_signal<bool>reset;
    //3.创建被测模块 NoC 实例,并连接激励信号
    NoximNoC* noc=new NoximNoC ("NoC");
    noc->clock(clock);
    noc->reset(reset);
        .........
    //4.复位芯片并开始仿真
    reset.write(1);
    srand(NoximGlobalParams::rnd_generator_seed);
    sc_start(DEFAULT_RESET_TIME,SC_NS);
    reset.write(0);
    sc_start(NoximGlobalParams::simulation_time,SC_NS);
        .........
    //5.统计运行结果并保存
    NoximGlobalStats gs(noc);
    gs.showStats(std::cout,NoximGlobalParams::detailed);
        ..........
    getchar ();
    return 0;
}
```

在主函数中,依次经历了 5 个必要的步骤:

(1) 命令行解析。命令行解析通过 parseCmdLine(arg_num,arg_vet)函数实现,该函数定义在 NoximCmdLineParser 文件中,通过解析该函数可以了解命令行参数对 NoC 架构进行了哪些配置。

(2) 生成激励信号。NoximNoC 需要复位和时钟两个激励信号,复位信号 reset 是一个布尔逻辑量,而时钟信号 clock 则通过 sc_clock 定义。语句 sc_clock clock ("clock",1,SC_NS)定义了周期为 1ns、占空比为 50% 、初始值为 1 的时钟信号。在仿真开始后,复位信号 reset 需要通过赋值指明其逻辑,而时钟信号 clock 不需要额外处理。

（3）创建被测模块 NoC 实例，并连接激励信号。

（4）复位芯片并开始仿真。当 Noxim 将 reset 信号置为 1 后，通过调用 sc_start（）使仿真系统进入复位状态，然后将 reset 信号清零，再次调用 sc_start（）使系统进入仿真状态。语句 sc_start(t,SC_NS)会使系统在运行 t ns 后停止，下一次调用 sc_start（）后，上一次运行产生的结果不会被清除。若要开启一次新的仿真，需要重新运行 Noxim 仿真程序。

（5）统计运行结果并保存。仿真结束后，通过 NoximGlobalStats 中的 showStats（）函数将统计信息显示在仿真的 Cmd 窗口中。若想将统计信息保存至文件中可以添加下面的代码。

```
if(! mkdir("results",0777))cout<<"Making new directory results"<<endl;
    string GlobalStats_filename;
    GlobalStats_filename=string("results/GlobalStats");
    GlobalStats_filename=MakeFileName(GlobalStats_filename);
    gs_temp.open(GlobalStats_filename.c_str(),iostream::out);
    gs.showStats(gs_temp,NoximGlobalParams::detailed);
    gs_temp.close();
```

3.10　本章小结

本章介绍了片上网络仿真工具 Noxim 的编译和使用方法，并结合代码对片上网络的拓扑结构、路由策略、流量模型等基本概念进行了详细的解释说明。本章 3.9 节结合代码对 SystemC 的基本语法规则进行了简要说明，熟悉 SystemC 语法的读者可忽略本节，不熟悉的读者可优先阅读本节。为了更好地学习本书第 4 章的内容，本章所述 Noxim 的相关内容是以 2013 年以前的版本为基础。2013 年以后的版本增加了对无线片上网络仿真的支持，在程序结构和使用方法上也发生了一些变化，读者可基于本章内容进行后续版本的学习和研究工作。

3.11　参　考　文　献

[3.1] Catania V，Mineo A，Monteleone S，et al.Noxim：An open extensible and cycle-accurate network on chip simulator［C］//2015 IEEE 26th International Conference on ASAP.Tornoto：IEEE，2015：162-163.

[3.2] J.Bhasker.SystemC 入门［M］.2 版.夏宇闻，甘伟，译.北京：北京航空航天大学出版社，2008.

第 4 章　热流互耦仿真软件 AccessNoxim

4.1　为什么使用 AccessNoxim

基于热学傅立叶定律(Thermal Fourier's Law),温度和功率之间的关系最终可表示为:

$$\frac{\mathrm{d}T(t)}{\mathrm{d}t} = \frac{P(t)}{C} - \frac{T(t)}{RC} \tag{4.1}$$

式中,R 为热阻,C 为热容,$P(t)$ 和 $T(t)$ 分别为节点的瞬时功率和瞬时温度。热阻体现了功率与稳态温度之间的关系,在相同功率下,热阻越大,产生的热量越低,稳态温度越低;热容体现了热传导的速度,热容越小,温度变化越快,越快达到特定功率下的稳态温度。在忽略热量瞬态传输过程的情况下,3D NoC 中节点(i,j,k)与相邻节点间的耦合作用可以通过图 4.1 来描述。

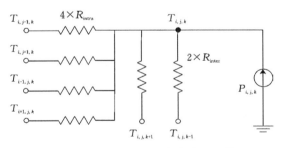

图 4.1　忽略暂态效应下节点的温度模型

其中$(i,j-1,k)$、$(i,j+1,k)$、$(i-1,j,k)$、$(i+1,j,k)$是节点(i,j,k)的 4 个水平相邻节点,$(i,j,k+1)$和$(i,j,k-1)$为两个垂直相邻节点。R_{intra} 和 R_{inter} 分别为水平相邻节点和垂直相邻节点间的热阻。

片上路由节点的温度与功率消耗密切相关,包交换带来的动态功耗是其重要组成部分。路由节点的流量越大,包交换速度越快,温度也越高,从而形成所谓的热/流互耦现象。当节点温度超过热安全运行温度时,就需要引入必要的散热管理机制,在保障热安全运行的情况下,提升系统性能。3D NoC 中散热管理机制的验证工作需要一种可以实现热/流互耦仿真的工具环境。

AccessNoxim[4.1]集成三维片上网络的系统级行为模型、功耗模型和热传导模型。因此，AccessNoxim 可以看作是 Noxim 的扩展，即在流量模拟的基础上，实现功率分布跟踪与热分布跟踪。AccessNoxim 实现了 Noxim 和 HotSpot 两个仿真软件的集成。其中，Noxim 是 NoC 的行为级仿真环境，这部分内容已在第 3 章做了详细介绍，这里不再赘述。

HotSpot[4.2]是弗吉尼亚大学发布的片上温度仿真软件，其结合芯片材料的电学和热学性质，通过热阻网络的方式，将复杂的热流计算转化为简便的电路计算，从而实现对单层或多层结构的热仿真及对处理器温度的模拟。节点的温度首先取决于节点的功率消耗，其次是节点的热传导特性。而节点的功耗取决于器件内部的电路工艺、单元结构及其复杂度，而节点的热传导特性则取决于器件尺寸。这些参数与真实芯片越接近，仿真的结果就越准确。AccessNoxim 在进行环境集成时，使用了 Intel 80 多核微处理器[4.3]的功耗和尺寸模型。

单独采用 3D NoC 行为级仿真环境和片上温度仿真环境 HotSpot 可以实现单向耦合模拟，即 HotSpot 在 Noxim 仿真结束后运行，从 Noxim 中收集整个芯片在时间和空间上的功率分布，然后通过 HotSpot 计算瞬态温度和稳态温度。这种单向信息耦合在实现动态散热管理时十分困难。Noxim 中的动态散热管理机制以温度为输入，生成流量和功耗分布为输出，HotSpot 以功耗分布为输入，生成路由节点温度为输出。两个环境的输入输出互为依赖，仿真时需要人工介入，以实现信息的传递。由于温度的缓变特性，一次单向的温度仿真可能需要较长时间，而反复的人工介入将进一步延缓整个动态散热管理机制的仿真过程。

AccessNoxim 的主要贡献是将 Noxim 和 HotSpot 集成在一起，实现了流量、功耗、温度的双向耦合。在整个热/流互耦的仿真过程中，不需要人工介入，仿真过程如图 4.2 所示。在散热管理机制仿真验证时，首先通过片上网络仿真软件 Noxim 提取吞吐率及延时等性能参数，基于性能参数分别估计互连系统中的实时功耗和温度，将其反馈给 Noxim，同时内嵌的散热管理机制调整热控制行为，并进行下一阶段的仿真，直至观察到温度控制达到稳态。

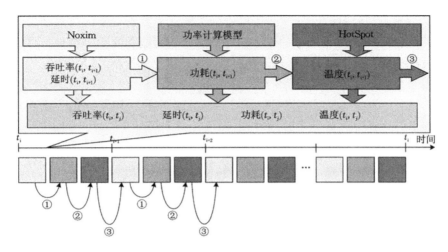

图 4.2   热/流互耦的仿真过程

4.2   AccessNoxim 仿真环境的使用

4.2.1   AccessNoxim 仿真环境的构建

由于温度的缓变特性,一个单向的仿真周期设置为 10^{-2} s,在 1GHz 的时钟频率下需要仿真 10^7 个时钟周期。Noxim 是周期精确的系统级 NoC 仿真,在 NoC 拓扑规模较大的情况下,一个仿真周期会耗费很长的仿真时间,而动态散热管理机制需要跟踪数十个,甚至上百个控制周期,才能确定热控制机制的收敛性。

一个可行的方法是在代码的改造阶段使用 Cygwin 进行编译调试,这样不必在不同的操作系统间来回切换。而在动态散热管理机制的评估阶段,可以将其上传至 Linux 服务器,以提供足够的计算能力,加快仿真速度。AccessNoxim 是将热仿真软件 HotSpot 集成至 Noxim,与 Cygwin 下 Noxim 的环境构建过程相同,在 Linux 操作系统下构建 AccessNoxim 环境,也分为编译 SystemC 类库和编译 AccessNoxim 两个基本步骤。编译 AccessNoxim 前,需要对 bin 目录下 makefile.defs 文件进行如下修改。

通过修改下述脚本指定 SystemC 类库的安装路径,需与实际路径一致。

SYSTEMC=/home/yangz/systemc-2.3.0

增加下述两行脚本,说明所使用的操作系统。

TARGET_ARCH=linux64

CFLAGS=-fpermissive

编译完成后,运行命令./noxim 可以看到在默认参数设置下的仿真结果,如图 4.3 所示,显示除了 Noxim 中输出的整个网络的延时、功耗、吞吐率等特性,还统计了 3D NoC 中每一层路由节点转发的 Flit 总数。

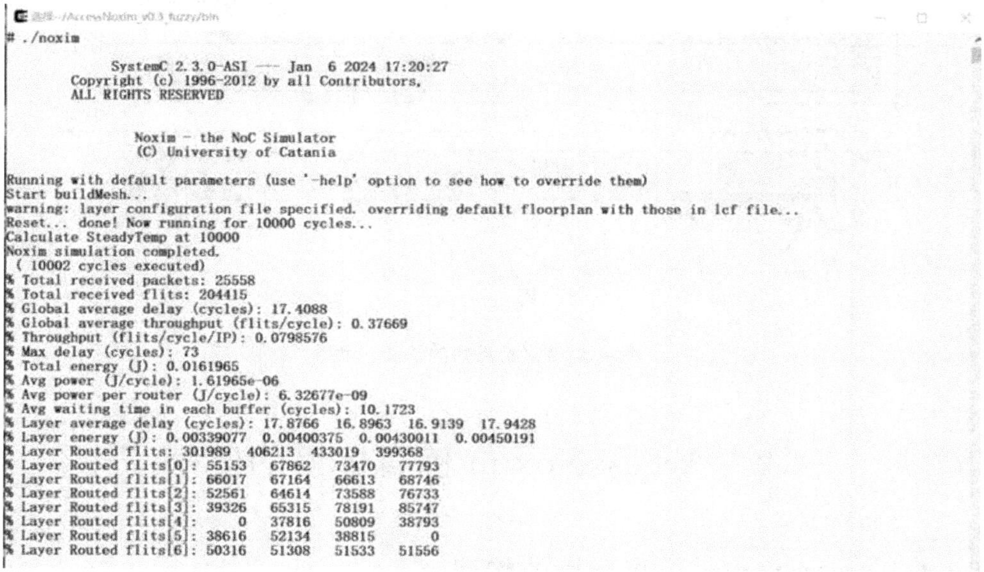

```
# ./noxim
          SystemC 2.3.0-ASI --- Jan 6 2024 17:20:27
          Copyright (c) 1996-2012 by all Contributors,
          ALL RIGHTS RESERVED

                Noxim - the NoC Simulator
                (C) University of Catania
Running with default parameters (use '-help' option to see how to override them)
Start buildMesh...
warning: layer configuration file specified. overriding default floorplan with those in lcf file...
Reset... done! Now running for 10000 cycles...
Calculate SteadyTemp at 10000
Noxim simulation completed.
 ( 10002 cycles executed)
% Total received packets: 25558
% Total received flits: 204415
% Global average delay (cycles): 17.4088
% Global average throughput (flits/cycle): 0.37669
% Throughput (flits/cycle/IP): 0.0798576
% Max delay (cycles): 73
% Total energy (J): 0.0161965
% Avg power (J/cycle): 1.61965e-06
% Avg power per router (J/cycle): 6.32677e-09
% Avg waiting time in each buffer (cycles): 10.1723
% Layer average delay (cycles): 17.8766  16.8963  16.9139  17.9428
% Layer energy (J): 0.00339077  0.00400375  0.00430011  0.00450191
% Layer Routed flits: 301989 406213 433019 399368
% Layer Routed flits[0]:  55153    67862    73470    77793
% Layer Routed flits[1]:  66017    67164    66613    68746
% Layer Routed flits[2]:  52561    64614    73588    76733
% Layer Routed flits[3]:  39326    65315    78191    85747
% Layer Routed flits[4]:      0    37816    50809    38793
% Layer Routed flits[5]:  38616    52134    38813        0
% Layer Routed flits[6]:  50316    51333    51533    51556
```

图 4.3　默认参数设置下的仿真结果

4.2.2　AccessNoxim 的新功能

AccessNoxim 的参数设置选项比 Noxim 更加丰富,通过与 Noxim 进行对比可以从宏观上分析出 AccessNoxim 相较于 Noxim 新增了哪些功能。笔者通过解读命令解析文件 NoximCmdLineParser,整理了以下较为常用的参数设置选项。

```
-help

-verbose

-trace

-dimx        [node_number_x_dimension]

-dimy        [node_number_y_dimension]

-dimz        [node_number_z_dimension]

-buffer      [buffer_depth_in_flits]

-size        [minimum_ packet_size maxim_packet_size]

-routing     [xyz][zxy][westfirst][northlast][negative first][oddeven]
             [fullyadaptive]
```

```
                [dyad dyad_theshold][table routing_table_filename]
                [downward down_level ][wf_downward down_level ][oe_downward ]
                [DLADR ][DLAR ][DLDR ][VTB ][TTMRA ][TAAR ]
                [TTABR ][TBR ][PTDBA ][oe_3d ][oe_z ]
  -sel          [random][bufferlevel][nop][rca ][thermal ][proposed ]
  -dw_sel       [b1][odwl][odwl_ipd][adwl][ipd][vbdr]
  -vertical     [mesh][crossbar]
  -cascade
  -Mcascade     [Mcascade_step ]
  -beltway [beltway_routing_selection mode ]
  -multibeltway
  -hs [node_id ][percentage ][node_id ][percentage ][node_id ][percentage ]
```

新增主要功能包括：①丰富了面向 3D NoC 的路由算法，增加了垂直方向上路由的灵活性。虽然 Noxim 也支持 3D NoC 的仿真，但多数路由算法通常是先在水平面内完成，然后通过增加垂直维度实现三维路由。②在路由选择策略上增加了 RCA 和热基准（thermal）。③流量模式上通过 –hs 选项增加了热点模式，node_id 设置目标地址热点功能，percentage 指的是在每发送 100 个包中，有多少个包的目的地址是该热点。

4.2.3　AccessNoxim 的再升级

AccessNoxim 的新路由算法是为了验证团队的工作成果，并对仿真环境进行升级。对于研究者而言，一定会在现有的机制上创新思想，并对现有代码进行改造再升级。

根据研究对象的不同，需要修改的源代码位置会有差异，对仿真器源代码越熟悉，就越能快速定位需要修改的代码点，但代码修改的步骤大致相同。例如，希望增加路由器中固定优先级仲裁器，可以遵循以下步骤：

（1）给 NoximMain.h 添加新的参数。

① 打开 NoximMain.h。

② 添加仲裁器参数。

```
#define ARBITER_ROUND_ROBIN 0      // 原有仲裁
#define ARBITER_FIXED_PRIORITY 1   // 固定仲裁
#define INVALID_ARBITER-1          // 无效仲裁
```

③ 设置默认仲裁。

```
#define DEFAULT_ARBITOR ARBITER_ROUND_ROBIN
```

④ 为全局参数结构体添加该参数成员。

```
struct NoximGlobalParams {
… …
    static int arbiter;
};
```

⑤ 保存文件并打开 NoximMain.cpp 对全局参数中新增的 arbiter 初始化。

```
int NoximGlobalParams::arbiter= DEFAULT_ARBITOR;
```

（2）打开文件 NoximCmdLineParser.cpp，并在 parseCmdLine（）函数中新增一个 else if 分支。

```
else if(! strcmp(arg_vet[i],"-arbiter")){
    char* arbiter=arg_vet[++i];
    if(! strcmp(arbiter,"roundrobin"))
            NoximGlobalParams::arbiter=ARBITER_ROUND_ROBIN;
    else if(! strcmp(arbiter,"fixed"))
        NoximGlobalParams::arbiter=ARBITOR_FIXED_PRIORITY;
    else
        NoximGlobalParams::arbiter=INVALID_ARBITER;
}
```

（3）编辑 NoximRouter.cpp 文件，将"start_from_port＋＋"改为下述代码。

```
if(NoximGlobalParams::arbiter==ARBITER_ROUND_ROBIN)
    start_from_port++
else if(NoximGlobalParams::arbiter==ARBITOR_FIXED_PRIORITY)
    start_from_port=DIRECTION_NORTH;
else
    assert(false);
```

在仲裁过程中，起始端口的选择一般具有较高的优先级。若总是从北端口开始仲裁，那么北端口就固定具有较高的优先级；若每次仲裁都更换一个起始端口，则每个端口将轮流具有最高优先级。

（4）保存文件并编译。

```
%cd <Noxim 安装路径>/bin
%make
```

每次进行不同的代码改造时，第（3）步有所不同。事实上，第（3）步是实现整个功能最核心的代码，直接用新代码替换原有代码，也可以验证功能，但覆盖掉了原有功能，就会给调试带来不便，每次在不同参数下进行验证工作时，都要重新改写、编译代码。

4.3　3D NoC 路由策略

4.3.1　流量均衡的 3D 奇偶转弯模型

当 2D NoC 扩展到 3D NoC 后,路由平面从一个平面扩展为 3 个平面(xOy、yOz、xOz)。为保证无路由死锁,必须确保在这 3 个平面内都不会出现转向环,因此可以在这 3 个平面内采用奇偶转弯模型避免死锁,如图 4.4 所示。

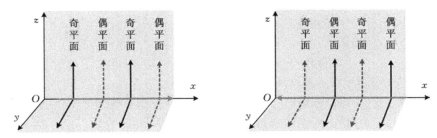

图 4.4　3D NoC 下的奇偶转弯模型

在具体实现过程中,节点可以选择所处的 yOz 平面路由,也可以选择路由至相邻的 yOz 平面。在 yOz 平面内路由时,遵循奇偶转弯模型,以避免在该平面内发生死锁。在向相邻的 yOz 平面内路由时,东向数据流不能向偶平面转向,西向数据流不能向奇平面转向,这一规则可以避免在 yOz 和 xOz 平面上发生死锁。这一过程的具体实现代码如下:

```
vector<int>NoximRouter::routingOddEven_3D (const NoximCoord& current,
              const NoximCoord & source,const NoximCoord & destination)
{
    vector<int>directions;
    int c0=current.x;int c1=current.y;int c2=current.z;
    int s0=source.x;int s1=source.y;int s2=source.z;
    int d0=destination.x;int d1=destination.y;int d2=destination.z;
    int e0,e1,e2;
    e0=d0-c0;              //正:东,负:西
    e1=-(d1-c1);           //正:北,负:南
    e2=d2-c2;              //正:下,负:上
    if (e0==0){            //在目的 yOz 平面
        directions=routingOddEven_for_3D(current,source,destination);
```

```
//yOz 平面执行奇偶转弯
else{
  if(e0<0){//西向数据流
      if((c0%2==0)){//可偶平面转向
          directions=routingOddEven_for_3D(current.source.destination);
      }
      directions.push_back(DIRECTION_WEST);
  }
  else{//东向数据流
      if((e1==0)&&(e2==0))
          directions.push_back(DIRECTION_EAST);
      else{
          if((d0%2==1)||(e0!=1)){
//目的节点在奇平面,或距目的层不只一跳
          directions.push_back(DIRECTION_EAST);
          }
          if((c0%2==1)||(c0==s0)){//当前在奇平面,或为源平面
          directions=routingOddEven_for_3D(current.source.destination);
          }
      }
  }
}
return directions;
}
```

显然,3D 奇偶转弯模型不仅可以在水平层内提供较均衡的自适应度,还可以在垂直方向上提供较均衡的自适应度,即可以根据某种路由基准来选择在哪个平面内进行路由。

4.3.2 面向散热的 OddEven_Downward 路由

在 3D NoC 中,靠近散热器的层次具有更好的散热特性,因此当芯片过热并有散热需求时,可以将流量路由至距离散热器更近的层次进行路由,以增强散热效果。面向散热的 OddEven_Downward 路由,在水平层内采用奇偶转弯模型;而在垂直方向上,无论源节点、目节点位于哪个水平层,需率先将数据包导向最底层(最靠近散热器的层次),等完成水平方向的路由后,再向上路由至目的节点,如图 4.5 所示。显然该路由在垂直方向上为非最短路径路由,但仅有一次向上转向的机会,因此可以避免活锁。

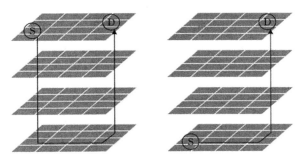

图 4.5　3D OddEven_Downward 下的垂直方向的路由

　　该路由策略下,水平面采用奇偶转弯模型,不会产生转向环;而在垂直方向上不允许由上向水平层转向,因此在 yOz、xOz 平面各自禁止了两个转向,等同于水平面的北最后转弯模型,因此在 yOz、xOz 平面内也不会产生转向环。OddEven_Downward 路由的实现代码如下,其中第 0 层为远离散热器的一层,靠近散热器的一层编号最大。

```
vector<int>NoximRouter::routingOddEven_Downward (const NoximCoord& current,
                          const NoximCoord &source, const NoximCoord &
                          destination,const NoximRouteData & route_data)
{
    vector<int>directions;
    int layer;
    layer=NoximGlobalParams::mesh_dim_z-1;    //最靠近散热器的一层
    if(current.z<layer && (current.x! =destination.x‖current.y! =destination.y))
    {                                           //不在最底层
    if (current.z==destination.z &&((current.x-destination.x==1&&current.y==
    destination.y)
                        ‖(current.x-destination.x==-1 && current.
                        y==destination.y)
                        ‖(current.y-destination.y==1 && current.x
                        ==destination.x)
                        ‖(current.y-destination.y==-1 && current.
                        x==destination.x)))
    {                       //在目的层,且距目的节点只有一跳
        directions= routingOddEven(current,source,destination);
    }
    else{                   //在目的层且距目的节点大于两跳,或不在目的层
        directions.push_back(DIRECTION_DOWN);
```

```
        }
    }                                       //在最底层，且没有在水平层内到达目的地
    else if(current.z>=layer && (current.x!=destination.x||current.y!=
    destination.y)){
        directions= routingOddEven(current,source,destination);
    }
    else if ((current.x==destination.x && current.y==destination.y)
            && current.z>destination.z){//在水平层内到达目的地，
            目的节点在上
        directions.push_back(DIRECTION_UP);
    }
    else if((current.x==destination.x && current.y==destination.y)
            && current.z<destination.z){ //在水平层内到达目的地，目的节
            点在下
        directions.push_back(DIRECTION_DOWN);
    }
    return directions;
}
```

4.3.3 动态向下散热路由

在 OddEven_Downward 中，将所有数据包都导向最底层时，极易引发网络拥塞而导致网络信息交换率降低。AccessNoixm 提供了两种动态选择水平层路由的路由策略，即 routingDownward 和 routingWF_Downward。它们在水平层分别执行维序路由和西优先转弯模型，而在垂直层采用相同的策略，即按照过热状态，从源节点选择下移若干层完成水平层路由。图 4.6 展示了相同的通信对下移层数分别是 1 层、2 层、3 层时的通信路径。

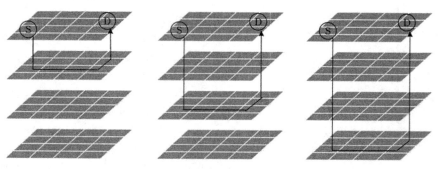

图 4.6 3D 动态向下散热路由的垂直方向的路由

在下移层相同时,若数据包的源节点在不同层,则会被导向不同的水平层进行路由,这显然可以降低网络拥塞。需要注意的是,当源节点所在的层次位于散热管理机制决定的水平路由层的下方时,则直接在源层进行路由,以加强散热。routingDownward路由算法的实现代码如下:

```
vector<int>NoximRouter::routingDownward(const NoximCoord& current,
                  const NoximCoord& source,const NoximCoord& destination){
    int down_level= NoximGlobalParams::down_level;   // 由散热管理机制决定的
    下移层数
    vector< int>directions;
    int layer;                        //水平路由层
    if((source.z+down_level)>NoximGlobalParams::mesh_dim_z-1)
            layer=NoximGlobalParams::mesh_dim_z-1;
    else
            layer=source.z+down_level;   //源层+下移层数
    if(current.z<layer && (current.x!=destination.x‖current.y!=destination.y)){
            if(current.z==destination.z &&
                    ((current.x-destination.x==1 && current.y==destination.y)
                    ‖(current.x-destination.x==-1 && current.y==destination.y)
                    ‖(current.y-destination.y==1 && current.x==destination.x)
                    ‖(current.y-destination.y==-1 && current.x==destination.x)))
            {                        //离目的节点只有一跳
                directions=routingXYZ(current,destination);
            }
            else{                    //未到水平路由层,且距目的地不止一跳
                directions.push_back(DIRECTION_DOWN);
            }
    }
    else if(current.z>=layer && (current.x!=destination.x‖current.y!=
    destination.y)){
            directions=routingXYZ(current,destination);   //源层在水平路
            由层之下
    }
    else if((current.x==destination.x && current.y==destination.y)
                    && current.z>destination.z){//目的节点在正上方
            directions.push_back(DIRECTION_UP);
    }
    else if((current.x==destination.x && current.y==destination.y)
```

```
                        && current.z<destination.z){//目的节点在正下方
        directions.push_back(DIRECTION_DOWN);
    }
    return directions;
}
```

4.3.4　拓扑感知的自适应路由

RoutingDownward、RoutingWF_Downward 和 OddEven_Downward 路由是空间散热机制,将数据包导向靠近散热器的层次以加强散热,但无法保障系统的热安全。当空间散热管理失效时,必须通过关断节点以保障芯片的热安全,即所谓的时间散热管理。AccessNoxim 支持 3 种不同形式的节点关闭方法:

(1) 全局关断(global throttle,GT)。当有一个节点超温时,关断所有路由节点和资源节点。这种关断方式性能损失较大,但散热效果最好。

(2) 分布式关断(distributed throttle,DT)。仅关断温度超过热极限的路由节点和资源节点。这种关断方式性能损失较小,但管理过热节点较为复杂。

(3) 热感知的垂直关断(thermal aware vertical throttling,TAVT)。若节点没有超过热极限,该节点为正常节点;当一个节点超过热极限时,该节点及与该节点在同一垂直位置上的所有节点均被关断。最底层节点不被关断,以保障 NoC 的连通性。

当片上网络的部分节点因散热管理而关闭时,拓扑动态变化,此时需引入拓扑感知的自适应路由。在散热管理过程中,部分节点因为过热而被关闭,在相邻的两个控制周期内,需要在全网共享动态变化的拓扑信息。该拓扑信息用于在下一控制周期内,在数据包发送前检查其可达性(即是否在特定的路由机制下存在一条以上的通信路径)。如果数据不可达,则在资源节点缓存该数据包,只有在确认有传输路径时才能进行发送。

AccessNoxim 中集成了一种拓扑感知的自适应路由(topolgy aware adaptive routing,TAAR)。TAAR 本质上是一种源选路由,即在数据包发送前先检查其可达性,再决定采用何种路由策略。在数据传输过程中,路由器则按照既定路由策略转发数据,其基本流程可以用图 4.7 所示的流程图描述。

TAAR 在将数据包发送到网络上时,首先会基于所维护的拓扑信息检查源节点、目的节点路由器是否因散热管理而被关断,若关断则数据包不可达,将数据包缓存在本地,并在拓扑结构变化后再次检查路径的可达性。若源节点、目的节点路由器未被关断,则检查是否存在多于一条的可达路径将数据包从源节点转发至目的节点。若存在多于一条的传输路径,则确定路由模式;否则,进行向下路由或中继路由。实现上述源选路由过程的代码集成在 NoximProcessElement 模块中的 TLA() 函数和 TAAR() 函数中,并由数据发送进程 txProcess() 调用。其中,TLA() 函数用于检查可达性,TAAR() 函数用于确定路由模式和中继路由的中间节点。

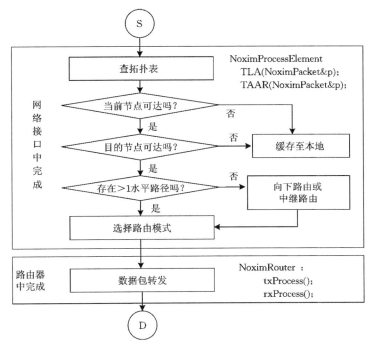

图 4.7　TAAR 的工作流程图

TAAR 在 TLA() 函数中集成了 3 种路由模式,以提高在非规则拓扑下路由的灵活性。这 3 种路由模式为西优先路由、XY 路由与向下路由。若当前水平层内西优先路由和 XY 路由均不可达,则通过向下路由至其他层。TLA() 函数在西优先自适应路由下检查路径的可达性是通过检测源节点、目的节点所有最短路径区域内是否有关断节点实现的;而 XY 路由下则需要检测源节点所在行与目的节点所在列上的节点是否有关断节点来实现。西优先路由下所有东向数据流可以在最短路径上任意转弯,而西向数据流则必须遵循 XY 维序路由。显然,若数据包在西优先路由是可达的,则在 XY 路由下也一定是可达的。但西优先路由提供了一定的路径选择自由度,有利于提高路由性能。因此,在两者均可达的情况下,优先选用西优先自适应路由。在硬件实现上,在拓扑信息表的基础上添加少量的硬件逻辑电路即可实现 TLA() 函数,带来较少的额外硬件开销。

由于靠近散热器的一层节点不会被关断,因此若源节点、目的节点均不被关断,使用这种方法一定可以为数据包找到一条可达路径。需要注意的是,由于相对较高层的节点容易因过热而被关断,会导致较多的数据包不可达,较低层可能容纳较多的数据,从而导致拥塞。为了解决上述问题,TAAR 允许采用路由中继的方法来增加水平层内路径的多样性。即确定一个中间节点将路由路径拆成两段,数据包到达中间节点后首先缓存至本地接口,再进行转发。确定中间节点的操作由 TAAR() 函数调用 sel_int_node() 实现。

为支持上述源选路由机制,TAAR 需首先重新定义数据包格式,增加额外字段以支持源选路由;然后重写路由节点 Router 中的数据收发进程,以实现源选路由下的数据转发和接收。AccessNoxim 中路由节点转发的数据结构如下:

```
struct NoximRouteData {
    int  current_id;
    int  src_id;
    int  dst_id;
    int  mid_id;
    int  dir_in;
    int  routing;
    int  DW_layer;
    bool arr_mid;
};
```

其中,mid_id、routing、arr_mid 3 个字段为 TAAR 新增字段,分别代表 sel_int_node() 函数所找到的中间节点、TAAR() 函数所确定的路由模式及是否到达中间节点的标志位。在路由器的数据发送进程 txProcess() 中,基于 routing 字段确定所采用路由模式;在路由器的数据接收进程 rxProcess() 中,基于 mid_id 字段判断是否到达中间节点,若到达中间节点,则将数据包提交给中继缓存,并将 arr_mid 标记为 true。

值得注意的是,无论是全局关断、分布式关断还是垂直关断,一旦节点全关断,就会导致拓扑发生变化。最终带来 3 个弊端:一是需要在所有节点间共享拓扑信息;二是需要检查信息可达性;三是导致某些数据因路径不可达而阻塞在网络接口的缓存区。前两个问题主要会带来硬件实现上的额外开销;而第三个问题将直接导致应用性能的显著退化。这是由于真实应用下数据流之间通常存在依赖性,当某个数据流阻塞后,会直接导致依赖该数据的后续运算和通信停止。极端情况下整个应用可能不再工作。通过分布式和垂直关断某个或某些路由节点的效果可能等同于全局关断整个互连网络。解决这一问题的方法就是将节点全部关断改为部分关断,详见第 6 章所述基于模糊逻辑的协同式部分流量调节散热管理机制。

4.4　物理参数设置

4.4.1　功耗参数

AccessNoxim 集成了 Intel 80 核的功耗参数、几何尺寸和热仿真参数。其中，功耗参数在 NoximPower.h 中定义，如下所示：

```
# define ENERGY_SCALING_FACTOR        1.00
# define ENERGY_QUEUES_DATA_PATH      0.20328*ENERGY_SCALING_FACTOR*1e-9*2*2
# define ENERGY_MSINT                 0.05544*ENERGY_SCALING_FACTOR*1e-9*2*2
# define ENERGY_ARBITER_CONTROL       0.06468*ENERGY_SCALING_FACTOR*1e-9*2*2
# define ENERGY_CROSSBAR              0.13860*ENERGY_SCALING_FACTOR*1e-9*2*2
# define ENERGY_LINKS                 0.15708*ENERGY_SCALING_FACTOR*1e-9*2*2
# define ENERGY_CLOCKING              0.30492*ENERGY_SCALING_FACTOR*1e-9*2*2
# define ENERGY_LEAKAGE_ROUTER         0.07000*ENERGY_SCALING_FACTOR*1e-9
# define ENERGY_DUAL_FPMACS           1.18800*ENERGY_SCALING_FACTOR*1e-9*2*6
# define ENERGY_RF                    0.13200*ENERGY_SCALING_FACTOR*1e-9*2*6
# define ENERGY_IMEM                  0.36300*ENERGY_SCALING_FACTOR*1e-9*2*6
# define ENERGY_DMEM                  0.33000*ENERGY_SCALING_FACTOR*1e-9*2*6
# define ENERGY_CLOCK_DISTRIBUTION    0.36300*ENERGY_SCALING_FACTOR*1e-9*2*6
# define ENERGY_LEAKAGE_FPMAC          0.04000*ENERGY_SCALING_FACTOR*1e-9
# define ENERGY_LEAKAGE_IMEM           0.02100*ENERGY_SCALING_FACTOR*1e-9
# define ENERGY_LEAKAGE_DMEM           0.00800*ENERGY_SCALING_FACTOR*1e-9
# define ENERGY_LEAKAGE_RF             0.00750*ENERGY_SCALING_FACTOR*1e-9
```

上述常量中，带有"LEAKAGE"关键字的部分是一个周期内的静态能耗，只要未被关断就始终存在。而其他常量则表示完成一次操作的能量消耗。

在 NoximRouter 文件的 rxProcess() 进程中，每收到一个来自水平方向的 flit 后，调用函数 RouterRxLateral() 将 Msint、QueuesNDataPath、Clocking 3 个环节产生的动态能耗累加到路由节点的能量消耗中；若节点未被关断，该进程还会调用函数 TileLeakage() 将路由节点、浮点乘加器和存储器的静态能耗累加到 Tile 块的能耗中。

在 txProcess() 进程中，每完成一次路由仲裁，调用函数 ArbiterNControl() 便为路由节点累加一次仲裁能耗。每向平面内水平端口转发一个 flit 时，调用函数 Router2Lateral() 将交叉开关和传输链路产生的能耗累加到路由器能耗中；若向本地端口转发一个 flit，则调用函数 Router2Local() 累加 FPMAC（浮点乘累加）和存储器带来的能耗。

可见,仿真的过程就是捕获路由节点的通信行为的过程,在这个过程中对每个单元产生的能量消耗进行累加。需要注意的是,路由器的能耗累加仅在水平层内数据转发下进行,这是由于垂直链路采用 TSV 实现互连,相邻层间距相对较小,因此在垂直链路上产生的能耗可以忽略。但通过观察,交叉开关和输入队列产生的能耗与链路上产生的能耗在数量级上大致相当,在垂直方向转发数据时,它们的能耗也是存在的。为了使仿真更加精确,可以修改 AccessNoxim,在转发端口为 UP 和 DOWN 时,也将在交叉开关和输入队列产生的能耗累加进去。

当仿真结束时,通过将累加的能量消耗除以仿真时间即可获得仿真时间内的功耗。在热流互耦的仿真过程中,一个控制周期是10ms,如果时钟周期为1GHz,那么一个控制周期需要仿真 10^7 个 Cycle。当拓扑规模较大时,一个控制周期的仿真就需要消耗很长时间。事实上,在流量模型固定的情况下,只要时间段足够长,相同时间段内仿真的通信行为是十分相近的。因此,AccessNoxim 的一个控制周期只仿真 10^5 个 Cycle,10ms 内产生的能耗是 10^5 个 Cycle 累加的能耗再乘以 100。AccessNoxim 将理论上需要仿真的周期数与实际需要仿真的周期数定义为 Real_cycle_num_per_10ms_interval 和 Sim_cycle_num_per_10ms _interval 两个常量(在 NoximPower.cpp 文件中)。

4.4.2　几何参数与热传导参数

Intel 80 核的几何参数和热传导参数可以在 co-sim.h 文件中查看,几何参数与热传导参数均是 Hotspot 做温度仿真需要的参数,代码如下所示:

```
#efine ROUTER_LENGTH          0.00065      //路由长度,单位为 m
#efine ROUTER_WIDTH           0.00053      //路由宽度,单位为 m
#efine FPMAC_LENGTH           0.002        //浮点 MAC 长度,单位为 m
#efine FPMAC_WIDTH            0.00097      //浮点 MAC 宽度,单位为 m
#efine MEM_LENGTH             0.00135      //存储器长度,单位为 m
#efine MEM_WIDTH              0.00053      //存储器宽度,单位为 m
#efine TILE_LENGTH            0.002        //Tile 长度,单位为 m
#efine TILE_WIDTH             0.0015       //Tile 宽度,单位为 m
#efine HEAT_CAP_SILICON       1.75e6       //热容
#efine HEAT_CAP_THERM_IF      4e6
#efine RESISTIVITY_SILICON    0.01         //热阻
#efine RESISTIVITY_THERM_IF   0.25
#efine THICKNESS_SILICON      0.00015      //硅片厚度,决定垂直方向热传导
#define THICKNESS_THERM_IF    2.0e-05
```

AccessNoxim 基于路由器、浮点 MAC、存储器和 Tile 的几何尺寸自动生成后缀为.flp 的布局规划图，供 Hotspot 仿真使用。当芯片模型发生变化时，可以通过更改参数进行调整。

4.5　仿真结果的查看

与 Noxim 不同，AccessNoxim 程序运行结束后，仿真的性能指标参数较多，包括每一个控制周期生成的瞬态参数，以及仿真结束后的稳态参数，这些参数分类保存在 results 文件夹。若在 bin 文件下运行./noxim 程序，则会在 bin 目录下生成 results 文件夹；若在 othter 文件下运行./noxim_explorer 程序，则会在 other 目录下生成 results 文件夹。results 文件夹中各个子文件夹保存的仿真结果如表 4.1 所示。

表 4.1　results 文件夹下的仿真结果

文件夹名	仿真结果
buffer	每个路由节点的 ID，每个路由器每个方向的 freeslots，每个路由节点中头微片在每个方向上缓存中的等待时间
Hist	延时分布及通信距离分布
MaxTemp	片上最高温度
POWER	仿真结束后，MAC、存储器、路由节点的功耗分布
STEADY	仿真结束后，MAC、存储器、路由节点的温度分布
STLD	仿真结束后，路由节点的稳态数据流量分布
TEMP	路由节点稳态温度
Traffic	一个控制周期结束后各个路由节点的数据转发数
TransientThroughput	一个控制周期结束后网络的吞吐率、关断的节点数

results 文件夹提供了丰富多样的瞬态参数和稳态参数，具体需要使用哪一类参数，取决于研究工作的需要。例如，若研究工作是提高网络的饱和吞吐率，就可以跟踪网络在不同注入率下的吞吐率和平均延时；若研究工作是改善特定自适应路由下的自适应度分配的均衡性，就可以跟踪每个路由节点转发的数据量；若研究工作是改善网络中路由节点温度分布的均衡性，就可以跟踪每个路由平面内温度的分布情况。

4.6　本章小结

　　本章对热流互耦仿真软件 AccessNoxim 的安装、编译和使用进行了介绍,结合代码对热流互耦仿真和部分动态散热管理机制进行了原理性说明。AccessNoxim 是一个无缝集成了 Noxim(2013 年前版本)和热仿真软件 Hotspot 的工具。相比 Noxim,其路由算法更加丰富和灵活,实现了真正意义上的三维自适应路由。由于温度具有缓变特性,动态散热管理机制在周期精确的仿真环境下运行,需要更高的计算能力和更长的仿真时间,因此建议在服务器上部署完成。

4.7　参考文献

　　[4.1] Jheng K Y, Chao C H, Wang H Y, et al. Traffic — thermal mutual-coupling co-simulation platform for three-dimensional network-on-chip [C]// Proceedings of 2010 International Symposium on VLSI Design, Automation and Test. Hsinchu: IEEE, 2010:135-138.

　　[4.2] Huang W, Ghosh S, Velusamy S, et al. HotSpot: A compact thermal modeling methodology for early-stage VLSI design[J]. IEEE Transactions on very large scale integration (VLSI) systems, 2006, 14(5):501-513.

　　[4.3] Vangal S R, Howard J, Ruhl G, et al. An 80-tile sub-100-w teraflops processor in 65-nm CMOS[J]. IEEE Journal of Solid-State Circuits, 2008, 43(1): 29-41.

第 5 章　基于自适应度调整的 3D NoC 动态散热管理机制

5.1　空间散热管理的设计问题

空间散热管理机制的核心是路由策略,对互连网络内的流量分布与热量分布具有双重影响,散热管理可能会带来一定的通信性能损失,而追求通信性能的提升则可能导致严重的热量分布不均衡。文献[5.1]最早提出了 3D NoC 中热量均衡与流量均衡的概念并进行了分析。为了便于描述空间散热管理机制的设计问题,本书采用文献[5.1]的方法,基于 Hotspot 片上系统结构级温度模型[5.2]构建了 3D NoC 的热传输模型,如图 5.1 所示。

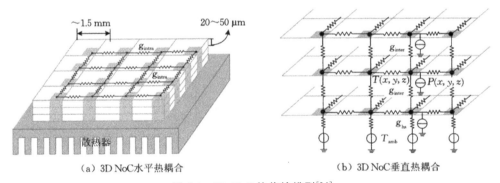

(a) 3D NoC水平热耦合　　　　　　(b) 3D NoC垂直热耦合

图 5.1　3D NoC 热传输模型[5.1]

令节点 $n_{(x,y)}^z$ 的温度与通信功耗分别为 $T_{(x,y)}^z$ 与 $P_{(x,y)}^z$,其中 z 为节点所在的水平层坐标,(x,y) 为节点在水平层内的坐标。根据热电二象性,节点 $n_{(x,y)}^z$ 的温度由式(5.1)[5.1]所示的约束关系确定:

$$g_{\text{inter}}\left[(T_{(x,y)}^{z+1}-T_{(x,y)}^z)+(T_{(x,y)}^{z-1}-T_{(x,y)}^z)\right]+g_{\text{intra}}\left[(T_{(x+1,y)}^z-T_{(x,y)}^z)\right. \tag{5.1}$$
$$\left.+(T_{(x-1,y)}^z-T_{(x,y)}^z)+(T_{(x,y+1)}^z-T_{(x,y)}^z)+(T_{(x,y-1)}^z-T_{(x,y)}^z)\right]=P_{(x,y)}^z$$

其中,g_{inter} 为两个垂直相邻节点间的热导,g_{intra} 为两个水平相邻节点间的热导。在 3D 集成工艺中,各硅基层的厚度较小,约为 $50\mu\text{m}$,而典型处理器核在平面内的尺寸较大,通常超过 1mm[5.3]。因此,垂直方向的热耦合可以达到水平方向热耦合的 16 倍之多,约 90% 的热量均沿垂直方向传递到散热器[5.4]。

为了简化分析,忽略水平方向的热耦合,重点考虑处于同一垂直位置处的不同层内路由节点间的热耦合特性,式(5.1)可简化为:

$$g_{inter}[(T_{(x,y)}^{z+1}-T_{(x,y)}^{z})+(T_{(x,y)}^{z-1}-T_{(x,y)}^{z})]=P_{(x,y)}^{z} \tag{5.2}$$

令靠近散热层的一层标识为层 1,远离散热层的一层标识为层 N,环境温度为 T_{amb},散热器的热导为 g_{hs},则节点温度可进一步表示为:

$$\begin{cases} T_{(x,y)}^{1}=T_{amb}+\dfrac{1}{g_{hs}}\displaystyle\sum_{k=1}^{N}P_{(x,y)}^{k} \\[2ex] T_{(x,y)}^{z}=T_{(x,y)}^{z-1}+\dfrac{1}{g_{inter}}\displaystyle\sum_{k=z}^{N}P_{(x,y)}^{k} \\[2ex] \quad=T_{amb}+\dfrac{1}{g_{hs}}\displaystyle\sum_{k=1}^{N}P_{(x,y)}^{k}+\dfrac{1}{g_{inter}}\displaystyle\sum_{l=2}^{z}\sum_{k=l}^{N}P_{(x,y)}^{k}(2\leqslant z\leqslant N) \end{cases} \tag{5.3}$$

从散热性能出发,路由策略趋向于实现 NoC 内各路由节点的热量均衡分布,不同层内的路由节点温度应满足:

$$T_{(x,y)}^{1}=T_{(x,y)}^{2}=T_{(x,y)}^{3}=\cdots=T_{(x,y)}^{N} \tag{5.4}$$

由式(5.3)可知,不同层内各路由节点的通信功耗应满足:

$$P_{(x,y)}^{2}=P_{(x,y)}^{3}=\cdots=P_{(x,y)}^{N}=0 \tag{5.5}$$

即满足绝对热量均衡,所有层的通信流需迁移至最接近散热层的水平层内,此时,3D NoC 水平层通信资源的利用率等同于 2D NoC,从而导致通信性能的退化。

为提升通信性能,路由策略趋向于实现 NoC 内各路由节点的流量均衡分布,不同层内的路由节点通信功耗应满足:

$$P_{(x,y)}^{1}=P_{(x,y)}^{2}=\cdots=P_{(x,y)}^{N}=P \tag{5.6}$$

由式(5.3)知,不同层内各路由节点的温度梯度可表示为:

$$T_{(x,y)}^{z}-T_{(x,y)}^{z-1}=\frac{N-z+1}{g_{inter}}\cdot P \tag{5.7}$$

基于以上分析,得到 3D NoC 的空间散热管理的设计问题如下:

(1) 在二维平面内,所有路由节点的散热效率相同,热量均衡与流量均衡存在一致性,由于垂直方向上的热耦合性较强,温度分布的不均衡性会逐层累加,若各层具有相同的温度分布会使得不均衡性层层放大,最终在远离散热层的区域形成热点。

(2) 在垂直方向上,存在热均衡与流量均衡间的设计矛盾,无法同时获得最佳的散热性能与通信性能,因此,散热管理机制应根据 3D NoC 所处的热状态自适应地决定优先考虑流量均衡还是热量均衡,从而在特定热约束下使通信性能最优化。

5.2　相关工作

已有的空间散热管理机制主要基于自适应路由,将通信流从温度热点迁移至具有较低温度或较高散热效率的区域,即重点在路由选择策略上做出创新。文献[5.5]基于 Bus - NoC 混合三维拓扑,提出了一种拥塞感知的散热管理机制,当源节点层相比于目标节点层更接近散热器时采用 XYZ 路由,数据包优先在源节点层内完成水平方向的数据传输;否则,采用 Adaptive_Z 路由先自适应地选择通信量较小的垂直总线到达目标节点层,再完成水平方向的数据传输;文献[5.6]提出了一种热流感知的自适应环线路由策略,该策略允许在 3D NoC 的水平层内使用环线非最短路径,将数据包路由至芯片边缘,以避开温度热点并增强散热效果;VDLAPR[5.1]、DLAR[5.7]、TAAR[5.8] 等方法使用非最短路径向下路由策略,根据过热情况将通信流下移至靠近散热器的水平层内以实现路由;文献[5.9]提出的热感知路由基于辅助 DP 网络提供的状态信息,在可用的输出端口中选择最冷路径;文献[5.10]采用了一种基于一维区域拥塞信息感知的选择策略,以信息传输的轴向上是否存在过热节点作为路由选择的依据。

不可否认,热感知选择策略对散热管理发挥着重要作用,但其发挥的作用依赖于路由策略所提供的自适应度。例如,在确定性路由下,任意数据流在任意节点仅有一个确定的转发端口,此时热感知选择策略将完全失效;在全自适应路由下允许数据流向所有方向转发,热感知选择策略将发挥最大效用;而在部分自适应路由下,由于禁止了部分转弯以避免死锁,各个方向的自适应度不能均衡分布,自适应度大的方向有更大概率被作为转发方向,从而牵引更多的数据流,选择策略对通信流的重分布作用将取决于路由策略下的自适应度分布。

全自适应路由可以使热感知路由策略发挥最大效用,但需要引入虚通道避免死锁。虚通道技术不仅增加了路由输入缓冲的数量,还需要引入复杂的虚通道分配逻辑,从而增加路由器的额外功耗与面积开销。相比之下,部分自适应路由无须引入额外的硬件开销,而是基于转弯模型解决死锁问题。北最后[5.11]及奇偶转弯模型[5.12]常被用于 3D NoC 散热管理的部分自适应路由决策,第 3 章的第 3.7 节图 3.16 和图 3.18 分别对两种转弯模型做了细节描述。为了便于下文进一步分析两种转弯模型的特征,将其简化为图 5.2。

转弯模型将所有可能的转向抽象为顺时针依赖圈及逆时针依赖圈,并分别禁止其中一个圈中的某些路由转向以避免在路由过程中形成通信资源的依赖关系。奇偶转弯模型通过排除通信资源依赖圈中的最右列来避免路由死锁。在偶数列禁止由东向南转向与由东向北转向,而在奇数列禁止由南向西转向与由北向西转向,如图 5.2(a)所示,即偶数列与奇数列分别实现西向数据流的南北转向与东向数据流的南北转向。奇偶转弯模型具有相对均衡的自适应度分布,因此通常被用于水平面路由以实现流量的均衡分布。

北最后转弯模型如图 5.2(b)所示,禁止北向数据流向东或向西转向,在不同方向的自适应度极度不均衡。北向数据流仅有一条通信路径,不具备任何自适应性,而南向的通信流则可以实现全自适应性的路由选择。这种不均衡性常被垂直路由所利用,在 xOz 与 yOz 两个平面内采用北最后路由策略,使向下的数据流获得较大的自适应度,而向上的数据流则需在完成水平方向路由后才能进行垂直方向路由,为靠近散热器的平面层提供更高的自适应度,以将数据流牵引至易散热区域。

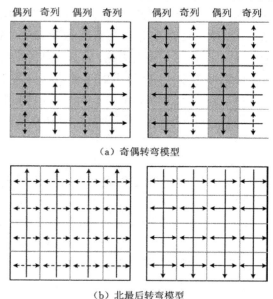

（a）奇偶转弯模型

（b）北最后转弯模型

图 5.2　3D NoC 散热管理常用的路由策略(虚线代表禁止转向)

尽管上述部分自适应路由在 3D NoC 散热管理应用中有效,但还有两个问题尚需讨论:

(1)奇偶转弯模型的自适应度分布并非完全均衡。由于奇偶转弯模型禁止的是通信资源依赖圈中的最右列,因此东向数据流可以在源节点所在的列进行北向与南向路由,但对于西向数据流则不存在该种情况。这种差异导致东向数据流的自适应度略高于西向数据流,若 3D NoC 中所有水平面基于同一奇偶转弯模型,这一微弱差异导致的平面内温度分布不均衡性将会在垂直方向上逐步累积放大,最终使得远离散热器的水平层温度分布出现较大差异。同时,由于垂直方向上的热耦合特性,当某个节点过热时,与其处于同一位置的其他节点很可能也会成为过热节点,此外不同平面内转弯规则的一致性分布不利于热感知选择策略规避温度热点,即当数据流在某个水平层内的路由方向上遇到热点时,垂直路由至其他水平层后,由于相同的转弯规则约束,热点方向仍然是其唯一能够选择的水平路由方向。

(2)垂直方向上采用北最后路由策略,可以将更多数据流引导至靠近散热层区域,但其数据牵引能力在最短路径路由下有限,当源节点、目的节点均处于远离散热层区域时,无法将其牵引至靠近散热层区域实现水平路由;而采用非最短路径路由,虽然可以给垂直向下方向提供更大的自适应度,但会增加垂直方向的跳数,并导致大量数据被迁移至靠近散热器的水平层,从而引发严重的通信拥塞。

基于以上分析,本章将首先提出用于部分自适应路由的转弯规则,并研究基于部分自适应路由的散热管理策略,在此基础上进一步提出用于 3D NoC 散热管理的路由算法,最后对路由算法的无死锁与活锁保障策略进行说明。

5.3　路由转弯规则

针对部分自适应路由在已有空间散热管理机制中存在的问题,本章共设计了 6 条转弯规则,分别应用于空间散热管理机制的水平路由与垂直路由。

(1) 规则 5.1(RF_OE):偶数列禁止由东向南及由东向北转向;奇数列禁止由南向西及由北向西转向。

(2) 规则 5.2(BF_OE):偶数行禁止由南向西及由南向东转向;奇数行禁止由西向北及由东向北转向。

(3) 规则 5.3(LF_OE):偶数列禁止由西向北及由西向南转向;奇数列禁止由北向东及由南向东转向。

(4) 规则 5.4(TF_OE):偶数行禁止由北向东及由北向西转向;奇数行禁止由东向南及由西向南转向。

(5) 规则 5.5(traffic balanced routing rule,Tr_B):在偶平面,禁止垂直向上向水平方向转弯;在奇平面,禁止水平方向向垂直向下转弯。

(6) 规则 5.6(thermal balanced routing rule,Th_B):在所有平面,禁止垂直向上向水平方向转弯。

为了破坏水平面内转弯规则的一致性分布,将传统的奇偶转弯模型分别顺时针旋转 90°、180°、270°,从而形成 4 种奇偶转弯模型变种,并分别应用于不同的水平层路由。4 种转弯模型下禁止的转向如图 5.3 所示。

RF_OE 与 LF_OE 下的路由通信行为相似,禁止东向数据流与西向数据流在偶数列或奇数列向南或向北传输,但在 RF_OE 中东向数据流在源列中的南北向数据传输不受限制,而 LF_OE 中西向数据流在源列中的南北向数据传输不受限制,从而使得 RF_OE 与 LF_OE 具有一定的互补作用。BF_OE 与 TF_OE 下的路由通信行为相似,禁止南向数据流与北向数据流在偶数行或奇数行向东或向西传输,但在 BF_OE 中南向数据流在源行中的东西向数据传输不受限制,而 TF_OE 中北向数据流在源行中的南北向数据传输不受限制,二者具有一定的互补作用。同时,在列分奇偶转弯模型 RF_OE 与 LF_OE 中,南向与北向数据通信受限;而在行分奇偶转弯模型 BF_OE 与 TF_OE 中,东向与西向数据通信受限。将这两类转弯模型应用到 3D NoC的不同水平层中,也可起到一定的互补作用。

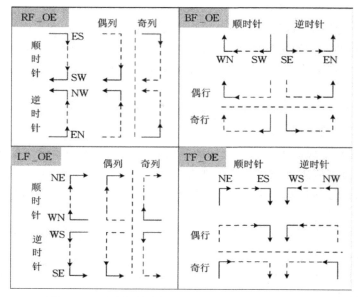

图5.3 4种奇偶转弯模型下禁止的转向(虚线表示)

规则 5.5 与规则 5.6 用于避免 xOz 平面及 yOz 平面内的路由死锁,各自在垂直方向上禁止四个转向,但并不同时使用。规则 5.5 是奇偶转弯模型在 xOz 平面及 yOz 平面内的应用,对于向下通信数据流与向上通信数据流,水平方向的数据传输分别在偶平面与奇平面被禁止,从而使得其在两个垂直方向上的自适应度近似相等,因此该规则也称为流量均衡路由规则。而规则 5.6 是北最后转弯模型在 xOz 平面及 yOz 平面内的应用,向下的通信流可以获得全自适应度,而向上的数据流则必须在完成水平方向的路由后才能向上传输,在该规则的约束下,更多的数据流被牵引至靠近散热器的区域完成水平方向传输,因此该规则称为热量均衡路由规则。

5.4 自适应度调整的路由散热管理机制

本章以 3D Mesh NoC 为基础拓扑,研究基于自适应度调整的路由算法,用于实现动态散热管理,称为 ArR-DTM。ArR-DTM 主要从两个方面提升路由散热机制的性能:一是在不同平面内采用不同的路由规则,通过自适应度分布的互补性均衡平面温度分布,并提升互连网络的整体性能;二是基于 3D NoC 的过热状态,结合最短路径路由与非最短路径路由,调整两个垂直方向上的自适应度分布,实现流量均衡与温度均衡的动态切换,以较小的性能损失保障 3D NoC 的热安全运行。

5.4.1　水平层路由策略

ArR-DTM 基于 4 种不同的奇偶转弯模型实现水平路由,使水平层内不同方向的自适应度互补。不同转弯模型在水平层的分配方法如下:$z\%4=3$ 时,采用 RF_OE;$z\%4=2$ 时,采用 BF_OE;$z\%4=1$ 时,采用 LF_OE;$z\%4=0$ 时,采用 TF_OE。图 5.4 以 4 层 3D NoC 为例,对不同水平层采用相同奇偶转弯模型与不同奇偶转弯模型时的路径互补性进行了说明,其中虚线表示被禁止的转弯。

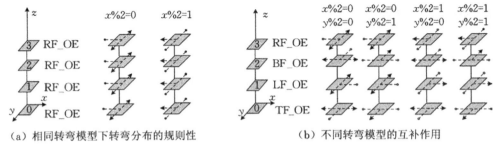

（a）相同转弯模型下转弯分布的规则性　　　　　（b）不同转弯模型的互补作用

图 5.4　转弯分布的规则性与互补性（虚线为禁止转向）

当所有水平层均采用 RF_OE 转弯模型时,被禁止的转弯在所有层的分布是相同的,如图 5.4(a)所示。对于东向数据流,在所有层的偶数列均无法向南或向北传输数据,西向数据流则在所有层的奇数列无法向南或向北传输。而当水平层采用不同的转弯模型时,各转弯规则可以实现互补,即在特定的路由节点处,当某个方向被禁止时,有可能其他一层或多层的同一位置处是允许的,如图 5.4(b)所示。以 x 与 y 均为偶数为例,在 RF_OE 平面中,东向数据流不允许向北或向南传输,但当数据路由至 BF_OE、LF_OE 及 TF_OE 平面相同位置时,均可向北或向南传输;在 TF_OE 平面中,北向数据流不允许向东或向西传输,但当数据路由至 RF_OE、BF_OE 及 LF_OE 平面相同位置时,均可向东或向西传输。同理,其他位置及其他方向的数据流也具有类似的自适应度互补特性,从而可有效扩展特定数据流的路径多样性,使热感知选择策略在水平路由时有更大的可能性避开温度热点与流量热点,提高系统的通信性能与散热性能。

5.4.2　垂直方向路由策略

由于 3D NoC 在垂直方向上的热量堆叠,流量均衡并不等同于温度均衡,因此垂直方向的路由策略在流量均衡与温度均衡上存在设计矛盾。当 NoC 系统中没有路由节点过热时应以流量均衡为目标,向上与向下的数据流应尽可能具有相同的自适应度,使得各水平层具有均衡的流量;当系统出现过热路由节点时应以温度均衡为目标,向下数据流应被赋予较高的自适应度,使得更多数据流被牵引至靠近散热器的水平层。基于该思路,提出垂直方向的自适应度动态调整方法,根据路由节点的过热状态,在流量均衡路由与温度均衡路由之间动态切换。

在温度均衡路由下,垂直方向采用非最短路径路由可进一步提高下行数据流的自适应度,将更多数据导向靠近散热器的水平层,但也会同步增加垂直方向的路由跳数。ArR-DTM 将所有的水平层划分为热域与冷域,阈值层(L_{th})以上的部分称为热域,以下的部分称为冷域。当数据流的源节点、目的节点均在热域时,允许在垂直方向上使用非最短路径路由,使其有可能路由至冷域完成水平方向传输;否则使用最短路径路由。根据阈值层(L_{th})的不同取值,热均衡路由可进一步形成不同的路由状态,ArR-DTM 中阈值层(L_{th})为 i 的热均衡路由状态采用 Th_Bi 表示,L_{th} 值越小越有利于散热,但通信性能损失也越大。综上,对于 4 层 3D NoC 拓扑,ArR-DTM 共引入 6 种路由状态:Tr_B、Th_B0、Th_B1、Th_B2、Th_B3 及 Th_B4,如图 5.5 所示。

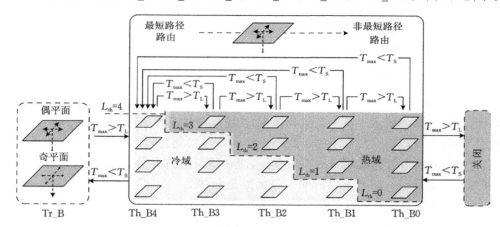

图 5.5　路由状态及其状态转换策略

ArR-DTM 采用两个温度阈值进行路由状态的动态转换,分别表示为 T_S 与 T_L。其中,T_S 称为热安全温度阈值,T_L 称为热极限温度阈值,且 $T_S < T_L$。系统的初始状态设定为流量均衡路由状态,在垂直方向采用流量均衡路由规则(规则 5.5)。当系统温度高于 T_L 时,路由变为最短路径温度均衡状态 Th_B4,在垂直方向上采用热量均衡路由规则(规则 5.6)。当温度再次低于 T_S 时,路由状态从 Th_B4 恢复为 Tr_B。

在温度均衡路由状态下,当温度持续高于 T_L 时,阈值层(L_{th})逐步下移以增强散热,垂直方向的最短路径路由逐步过渡到非最短路径路由,但当温度降至 T_S 以下时,路由状态立即从当前状态恢复至 Th_B4 状态以迅速恢复系统性能。当系统处于非最短路径热均衡路由状态 Th_B0，且温度仍高于 T_L 时，将实施全关断操作以保障系统的热安全运行。在关断状态下，当温度降低至 T_S 以下时，系统将恢复为 Th_B0 路由状态。

5.4.3　基于自适应度调整的路由算法

对于面向 n 层 3D NoC 的 ArR-DTM 共有 $n+2$ 种路由状态，路由状态间的切换通过图 5.5 所示的状态转换策略实现，而特定路由状态下的路由计算过程则由本节所述的基于自适应度调整的路由算法实现，如图 5.6 所示。

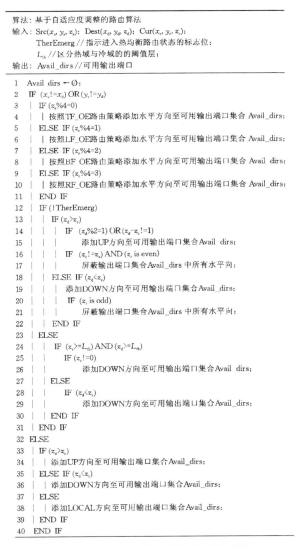

```
算法：基于自适应度调整的路由算法
输入：Src($x_s$, $y_s$, $z_s$)；Dest($x_d$, $y_d$, $z_d$)；Cur($x_c$, $y_c$, $z_c$)；
      TherEmerg // 指示进入热均衡路由状态的标志位；
      $L_{th}$ // 区分热域与冷域的的阈值层；
输出：Avail_dirs // 可用输出端口

1   Avail_dirs ← ∅；
2   IF ($x_c$!=$x_d$) OR ($y_c$!=$y_d$)
3    |  IF ($z_c$%4=0)
4    |  | 按照 TF_OE 路由策略添加水平方向至可用输出端口集合 Avail_dirs；
5    |  ELSE IF ($z_c$%4=1)
6    |  | 按照 LF_OE 路由策略添加水平方向至可用输出端口集合 Avail_dirs；
7    |  ELSE IF ($z_c$%4=2)
8    |  | 按照 BF_OE 路由策略添加水平方向至可用输出端口集合 Avail_dirs；
9    |  ELSE IF ($z_c$%4=3)
10   |  | 按照 RF_OE 路由策略添加水平方向至可用输出端口集合 Avail_dirs；
11   |  END IF
12   |  IF (!TherEmerg)
13   |  |  IF ($z_d$>$z_c$)
14   |  |  |  IF ($z_d$%2=1) OR ($z_d$-$z_c$!=1)
15   |  |  |    添加 UP 方向至可用输出端口集合 Avail_dirs；
16   |  |  |  IF ($z_c$!=$z_d$) AND ($z_c$ is even)
17   |  |  |    屏蔽输出端口集合 Avail_dirs 中所有水平向；
18   |  |  ELSE IF ($z_d$<$z_c$)
19   |  |  |    添加 DOWN 方向至可用输出端口集合 Avail_dirs；
20   |  |  |  IF ($z_c$ is odd)
21   |  |  |    屏蔽输出端口集合 Avail_dirs 中所有水平向；
22   |  |  END IF
23   |  ELSE
24   |  |  IF ($z_c$>=$L_{th}$) AND ($z_d$>=$L_{th}$)
25   |  |  IF ($z_c$!=0)
26   |  |  |    添加 DOWN 方向至可用输出端口集合 Avail_dirs；
27   |  |  ELSE
28   |  |  |  IF ($z_d$<$z_c$)
29   |  |  |    添加 DOWN 方向至可用输出端口集合 Avail_dirs；
30   |  |  END IF
31   |  END IF
32   ELSE
33   |  IF ($z_d$>$z_c$)
34   |  |  添加 UP 方向至可用输出端口集合 Avail_dirs；
35   |  ELSE IF ($z_d$<$z_c$)
36   |  |  添加 DOWN 方向至可用输出端口集合 Avail_dirs；
37   |  ELSE
38   |  |  添加 LOCAL 方向至可用输出端口集合 Avail_dirs；
39   |  END IF
40   END IF
```

图 5.6　基于自适应度调整的路由算法

在所有路由状态下,水平层的路由策略是固定的,即采用 4 种奇偶转弯模型(规则5.1～5.4)实现水平自适应度互补,由图 5.6 中第 2～11 行描述。当系统进入流量均衡路由模式时,TherEmerg 标志位置 0,此时垂直方向按奇偶转弯模型(规则5.5)进行路由决策,详见图 5.6 中第 13～22 行。当系统进入流量均衡路由模式时,TherEmerg 标志位置 1,并由 L_{th} 指示划分冷域与热域的阈值层,此时垂直方向按北最后转弯模型(规则5.6)进行路由决策,且当源节点、目的节点所在的层均不低于阈值层时,允许其进行非最短路径路由,可一直向下路由至最接近散热器的水平层,否则将按最短路径路由,详见图 5.6 中第 24～30 行。无论处于何种路由状态,一旦数据包到达目的节点的平面坐标(x_d, y_d),将根据其当前所在的水平层 z_c 与目标层 z_d 的相对位置关系向上或向下传输,详见图 5.6 中第 33～39 行。

5.4.4 无活锁及无死锁保障策略

ArR-DTM 共引入 Tr_B 与 Th_B 两种路由策略,其中 Th_B 在垂直方向上又包含最短路径路由与非最短路径路由。通常,非最短路径路由可能导致活锁,但 ArR-DTM 中非最短路径仅用于热均衡路由的垂直方向,而在热均衡路由中禁止向上传输数据流的水平转向,垂直方向最终表现为先向下再向上的数据传输,而不会出现上下反复传输,因此可以避免活锁。

根据文献[5.13],若 3D NoC 中每个路由平面内是无死锁的,则整个互连系统中的路由都是无死锁。ArR-DTM 中使用的 Tr_B 与 Th_B 路由在 xOz、yOz、xOy 3 个平面均通过禁止转向实现了无死锁路由,因此在特定路由状态下整个互连系统不会出现死锁。然而,由于 Tr_B 与 Th_B 在垂直方向上使用了不同的转弯规则,当路由策略随着散热管理的需求发生切换时,在前一个路由状态下注入网络中的数据可能在新的路由状态下发生死锁,最终无法到达目标节点。

为了解决上述问题,在路由状态切换时引入一个状态转换过渡周期。在过渡周期内,不允许资源节点注入新的数据,直至前一个路由状态下注入网络的数据全部到达目标节点为止。ArR-DTM 同时引入了一个过渡状态辅助传输网络,用于指示过渡周期的结束时间,如图 5.7 所示。

在路由状态过渡周期内,每个路由节点开始检测输入缓冲区是否为空,若为空,则将缓冲空状态标志位 F 置于 1。该标志通过水平面内 x 向与门链传输,形成缓冲区空的行标志 F_x。所有行标志 F_x 沿水平面内 y 向与门链传输,形成缓冲区空的平面标志 F_plane。所有的 F_plane 标志沿水平面的 z 向与门链传输,形成整个网络中输入缓冲空的状态标志 F_drained。该标志将沿着 z 向、y 向及 x 向逆向传播至所有的路由节点,指示过渡状态已经结束。基于上述按序传输过程,在 $X \times Y \times Z$ 拓扑规模下,F 状态标志在辅助网络中的传输延时不超过 $2(X+Y+Z)L$,其中,L 为信号在与门链中的单跳传输延时。

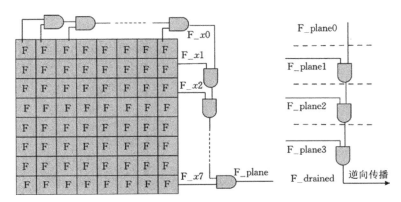

图 5.7　过渡状态辅助传输网络

5.5　性能评估

本节在台湾大学发布的热/流互耦三维片上网络仿真环境 AccessNoxim 中实现了 ArR-DTM,对其水平自适应度互补策略及垂直自适应度调整策略进行了有效性验证,并在此基础上对其散热性能及通信性能进行了评估。

5.5.1　仿真参数设置

仿真过程中的 NoC 参数设置如表 5.1 所示。其中,拓扑结构为 3D Mesh,拓扑规模设置为 $8 \times 8 \times 4$,数据交换为虫孔交换机制,路由方向选择依据为相邻路由节点的可用缓冲空间,路由器中输入缓冲无虚通道,缓冲深度为 4 Flits,数据包长为 $2 \sim 8$ Flits,流量模型采用 Random(随机流量模型)。

表 5.1　仿真参数设置

仿真参数	设置值
拓扑结构	3D Mesh
拓扑规模	$8 \times 8 \times 4$
数据交换	虫孔交换

续表5.1

仿真参数	设置值
路由选择策略	Buffer Level
虚通道	无
缓冲深度	4 Flits
数据包长	2~8 Flits
流量模型	Random
时钟频率	1GHz
热控制周期	10ms
状态转换过渡周期	1000 Cycles
热安全温度阈值	97℃
热极限温度阈值	98℃

片上节点的几何尺寸和功耗参数与 Intel 80 核[5.14]相同。热控制周期设置为 10ms,状态转换过渡周期设置为 1000Cycles,即 AccessNoxim 每隔 10ms 对路由节点的流量与通信功耗进行一次统计,并通过其内嵌的温度仿真软件 Hotspot[5.2]计算路由节点的温度分布,ArR-DTM 基于当前的实时温度切换路由状态,并在 1000Cycles 之后开始下一个控制周期的行为级仿真。在 1GHz 的时钟频率下,1000Cycles 的过渡周期相当于 $1\mu s$,与 10ms 的热控制周期相比,可忽略不计。触发 ArR-DTM 进行状态转换的两个阈值温度 T_S 与 T_L 分别设置为 97℃ 与 98℃。

5.5.2 水平自适应度互补策略的有效性

ArR-DTM 在水平面采用 4 种不同的奇偶转弯模型,通过不同平面内自适应度分布的互补,均衡远离散热层的平面温度分布。热感知路由策略 DLAR[5.12]在所有水平层内采用相同的奇偶转弯模型,将作为本组实验的对比对象。由于 DLAR 本身为热感知的自适应路由,不能保障系统的热安全性,为了确保对比的公平性,DLAR 同步使用了 VT 流量调节机制。ArR-DTM 及 DLAR 下的顶层各节点的温度分别如表 5.2 与表 5.3 所示,其中 x 坐标轴与 y 坐标轴分别代表顶层平面内节点的 x 向位置坐标与 y 向位置坐标。

表 5.2　ArR-DTM 顶层节点温度分布原始数据

节点温度(℃)		节点 x 向坐标							
		0	1	2	3	4	5	6	7
节点 y 向坐标	0	83.4	83.5	85.2	86.2	86.2	85.0	82.8	79.1
	1	88.0	88.4	90.9	92.5	92.6	90.9	87.8	82.3
	2	90.6	91.4	94.6	96.3	96.2	94.5	90.4	84.0
	3	91.9	92.9	96.0	96.9	96.8	96.0	91.6	84.7
	4	91.4	92.4	95.6	96.7	96.6	95.3	90.8	84.2
	5	89.7	90.7	93.9	95.6	95.5	93.6	89.3	83.1
	6	86.7	87.5	90.0	91.5	91.5	89.7	86.4	81.2
	7	84.7	85.6	87.9	89.3	89.4	87.7	84.7	79.9

表 5.3　DLAR 顶层节点温度分布原始数据

节点温度(℃)		节点 x 向坐标							
		0	1	2	3	4	5	6	7
节点 y 向坐标	0	84.8	85.1	86.4	87.6	86.5	85.0	81.7	77.2
	1	92.3	92.0	92.5	93.8	91.7	90.4	85.7	79.4
	2	96.5	95.9	95.7	97.0	94.6	93.9	87.5	80.4
	3	98.0	98.0	97.8	98.7	97.5	97.6	88.4	80.6
	4	97.9	97.8	97.4	98.4	97.8	97.9	86.9	80.1
	5	97.8	96.8	96.5	97.3	96.3	96.5	85.5	79.4
	6	94.0	93.7	94.3	95.6	94.3	93.6	84.4	78.5
	7	90.3	90.9	93.0	95.0	94.1	92.0	84.9	78.4

为了更好地对比,本节特将表 5.2 和表 5.3 所示的原始数据可视化为图 5.8 所示的温度分布曲面。由图 5.8 可看出,ArR-DTM 的温度分布曲面比 DLAR 的温度分布曲面更平坦,且在 DLAR 路由下,左侧靠近边缘的路由节点温度明显高于 ArR-DTM。这是由于传统奇偶转弯模型禁止通信依赖圈的最右列,导致平面左侧的自适应度略高于平面右侧,这一差异逐层叠加,最终导致顶层温度分布的不均衡。经计算,DLAR 的顶层温度分布偏差为 6.4℃,而 ArR-DTM 的顶层温度分布偏差为 5.7℃,约降低了 26%,即 ArR-DTM 的温度分布更均匀。

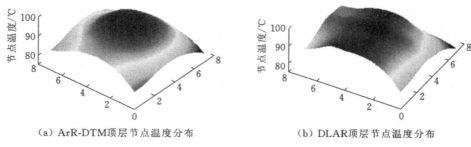

(a) ArR-DTM顶层节点温度分布　　　　　　(b) DLAR顶层节点温度分布

图 5.8　ArR-DTM 与 DLAR 顶层节点温度分布

5.5.3　垂直自适应度调整策略的有效性

ArR-DTM 通过调整垂直方向的自适应度,在流量均衡路由模式及温度均衡路由模式间动态切换,最终实现各水平层流量的动态分配。为验证垂直自适应度调整策略的有效性,将水平层设置为互补转弯模式,网络注入率设为饱和状态,对 Tr_B、Th_B0、Th_B1、Th_B2、Th_B3 及 Th_B4 6 种不同路由状态下各水平层内流量分布与网络吞吐量进行了对比,如表 5.4 所示

表 5.4　ArR-DTM 不同路由状态下各层流量统计(Flits)

层内流量		路由状态					
		Tr_B	Th_B4	Th_B3	Th_B2	Th_B1	Th_B0
水平层	L0	5680404	7596071	8120758	7631921	5091191	5079806
	L1	7893333	7245558	7569993	4988679	1960294	2001804
	L2	5422489	5885874	6367189	2775229	1113936	1086003
	L3	4791009	3188700	2694025	1440389	553922	522346

本节特将表 5.4 所示数据结果可视化成图 5.9 所示的柱状图。可以看到,在 Tr_B 模式下各层的通信量分布最为接近。而在 Th_B 模式下,随着阈值层下移,更多的流量被牵引至靠近散热器的水平层,如图 5.9(a)所示。同时,网络的饱和吞吐量在 Tr_B 模式下最大,而在 Th_B 模式下,随着阈值层下移,网络的饱和吞吐量也相应减少,如图 5.9(b)所示。可见,热均衡路由策略的散热效果是双重的:其一是通过路由状态切换将更多流量牵引至靠近散热器的水平层,以增强散热效果;其二是流量牵引导致顶层互连链路的利用率下降,从而降低整个网络的通信量,也有利于实现散热。

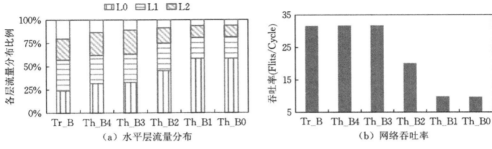

图 5.9 不同路由状态下水平层流量分布与网络吞吐率对比

5.5.4 散热效果与通信性能评估

ArR-DTM 与 4 种动态散热管理机制 DLAR+GT、DLAR+DT、DLAR+VT、TAAR+VT 进行了散热效果与通信性能的对比。当路由节点过热时,GT 将所有路由节点关断,DT 将单个过热节点关断,而 VT 将过热节点所在垂直位置的多个节点关断。DLAR[5.7] 与 TAAR[5.8] 为拓扑感知的自适应路由,用于在关断操作下检查数据包的路由可达性。实验将路由节点允许的最高温度设置为 100℃,分别运行 5 种动态散热管理机制,并跟踪记录了 3D NoC 的最高瞬时温度及吞吐率,如图 5.10 所示。

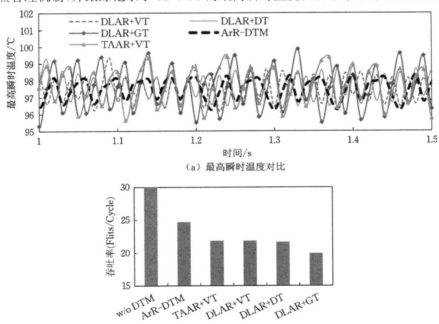

图 5.10 5 种不同的动态散热管理机制对比

由图 5.10(a)可知,5 种散热管理机制均能保障系统的热安全运行,最高温度都限制在 100℃以下,但 ArR-DTM 产生的热控制振荡较小。同时,与没有散热管理机制(w/o DTM)的路由通信性能相比,所有的散热管理都会给 3D NoC 带来通信性能损失,但 ArR-DTM 带来的通信性能损失相对较小,如图 5.10(b)所示。与其他几种散热管理机制相比,ArR-DTM 的吞吐率可以提高 13.1%~23.8%。

5.5.5 硬件开销

ArR-DTM 共引入两个模块:图 5.5 所示的状态机制及图 5.6 所示的自适应路由算法。在 TSMC 90nm 工艺下实现了这两个模块,引入的额外面积开销如表 5.5 所示。与 DLAR 及 TAAR 在 UMC 90nm 工艺下产生的面积开销[5.8]相比,ArR-DTM 引入的额外面积开销可以忽略不计。

表 5.5　3 种 DTM 机制的面积开销对比

DTMs	ArR-DTM	DLAR	TAAR
面积开销(μm^2)	2851	12976	48546

5.6　本章小结

本章针对 3D NoC 热量均衡与流量均衡之间的设计矛盾,基于 3D Mesh NoC 拓扑,提出了基于自适应度调整的空间散热管理机制 ArR-DTM。在水平方向采用了 4 种不同的奇偶转弯模型变种,使不同水平层的自适应度分布实现互补,避免自适应度不均衡导致的热点在垂直方向上叠加;在垂直方向将最短路径路由与非最短路径路由相结合,依据 3D NoC 的过热状态调整两个垂直方向的自适应度,动态向靠近散热层的区域牵引通信流量。

基于路由的空间散热管理机制的主要目标是实现热量均衡,避免产生温度热点,当网络负荷超出 DTM 的热量管理能力时,将执行全关断以保障系统安全。下一章将基于流量调节的时间散热管理机制开展研究,热感知的空间散热管理策略将用于适应因流量调节带来的带宽不均衡问题,实现协同散热管理。

5.7　参考文献

[5.1] Chao C H,Chen K C,Wu A Y.Routing-based traffic migration and buffer allocation schemes for 3-D Network-on-Chip systems with thermal limit[J].IEEE

Transactions on Very Large Scale Integration Systems,2013,21(11):2118-2131.

[5.2] Huang W,Ghosh S,Velusamy S,et al.HotSpot:a compact thermal modeling methodology for early-stage VLSI design[J].IEEE Transactions on Very Large Scale Integration Systems,2006,14(5):501-513.

[5.3] Puttaswamy K,Loh G H.Implementing caches in a 3D technology for high performance processors[C]//Proceedings of the 2005 International Conference on Computer Design.San Jose:IEEE Computer Society,2005:525-532.

[5.4] Zhu C,Member S,Gu Z,et al.Three-dimensional chip-multiprocessor run-time thermal management[J].IEEE Transactions on Computer-Aided Design of Integrated Circuits and Systems,2008,27(8):1479-1492.

[5.5] Rahmani A M.Design and management of high-performance,reliable and thermal-aware 3D networks-on-chip[J].IET Circuits Devices & Systems,2012,6 (5):308-321.

[5.6] Chen K C,Kuo C C,Hung H S,et al.Traffic-and thermal-aware adaptive beltway routing for three dimensional Network-on-Chip systems[C]//Proceedings of the International Symposium on Circuits and Systems.Beijing:IEEE,2013: 1660-1663.

[5.7] Chao C H,Chen K C,Yin T C,et al.Transport Layer Assisted Routing for Run-Time Thermal Management of 3D NoC Systems[J].ACM Transactions on Embedded Computing Systems,2013,13(1):1-22.

[5.8] Chen K C,Lin S Y,Hung H S,et al.Topology-aware adaptive routing for nonstationary irregular mesh in throttled 3D NoC systems[J].IEEE Transactions on Parallel & Distributed Systems,2013,24(10):2109-2120.

[5.9] Dahir N,Al-Dujaily R,Mak T,et al.Thermal optimization in Network-on-Chip-based 3D chip multiprocessors using dynamic programming networks[J]. ACM Transactions on Embedded Computing Systems,2014,13(4s):1-25.

[5.10] Lin S Y,Yin T C,Wang H Y,et al.Traffic-and thermal-aware routing for throttling three-dimensional network-on-chip system[C]//Proceedings of 2011 International Symposium on VLSI Design,Automation and Test.Hsinchu:IEEE, 2011:1-4.

[5.11] Glass C J,Ni L M.The turn model for adaptive routing[C]// Proceedings of International Symposium on Computer Architecture.Queensland: ACM,1992:278-287.

［5.12］G.-M. Chiu. The odd-even turn model for adaptive routing［J］. IEEE Transactions on parallel and distributed systems,2000,11(7):729-738.

［5.13］Dahir N,Yakovlev A,Al-Dujaily R,et al. Highly adaptive and deadlock-free routing for three-dimensional networks-on-chip［J］. IET Computers & Digital Techniques,2013,7(6):255-263.

［5.14］Vangal S R,Howard J,Ruhl G,et al. An 80-tile sub-100-w teraflops processor in 65-nm CMOS［J］. IEEE Journal of Solid-State Circuits,2008,43(1): 29-41.

第6章 基于模糊逻辑的协同式部分流量调节散热管理机制

6.1 时间散热管理的设计问题及相关工作

与第 5 章所述空间散热管理机制不同,时间散热管理机制是通过流量调节降低过热节点的包交换速度。垂直全关断技术是 3D NoC DTM 机制中的常用方案,可以实现快速散热,但会使片上网络拓扑动态发生不规则变化,复杂的拓扑感知自适应路由将会带来较大的硬件开销。而部分流量调节散热机制可以保证在散热状态下拓扑的连续性,但也存在散热较慢、精确控制模型难于建立及带宽分布不均衡等问题。本章将以 3D NoC 的稳态与暂态热传输特性为依据,研究基于模糊逻辑的协同式部分流量调节散热管理机制,并同步引入流量调节感知的自适应路由,以降低由于带宽分布不均衡导致的通信拥塞。

面向 3D NoC 的热感知垂直流量调节机制(thermal aware vertical throttling, TAVT)[6.1]最早由台湾大学提出,控制粒度是具有相同平面坐标的路由节点构成的柱状(pillar)区域,依据路由节点的过热状态,关闭其所在柱状区域内的一个或多个路由节点。为了实现快速散热,TAVT 采用全关断技术,并沿用至后续研究工作[6.2-6.4]。全关断技术导致片上网络的规则拓扑被破坏,并随着散热管理的进行动态发生变化,这使得在特定的路由策略下部分数据流无法送达而堵塞在网络中,必须引入拓扑感知的路由策略,以在数据注入网络前检查其可达性。例如,TAAR[6.4]基于本地维护的拓扑信息表,依次在水平自适应路由、水平 XY 路由及垂直向下路由下检查数据包的可达性,确保所有发送到网络上的数据包都可以到达目的节点。显然,拓扑信息维护和拓扑感知的路由协议带来的额外面积开销会随着拓扑规模的增大而成倍增加。基于全关断技术的另一个显著缺点是:全关断使得通信流图中的任务依赖链被破坏,一旦过热节点被关断,将导致部分数据流无法被送达依赖它的相关任务,从而阻塞后续任务的执行,直至散热控制周期结束(通常在 10ms 以上)。在极端情况下,整个应用程序将出现停顿,其效果等同于直接将整个网络关闭,导致严重的性能退化。

部分流量调节可以保证所有节点在散热管理期间均可访问,从而有效克服上述缺陷,但其使 NoC 中不同路由节点的带宽分布不均衡,因此需同步引入自适应路由以避开带宽拥塞的路由节点。例如,文献[6.5]基于 3D Bus-NoC 的散热管理机制,通过垂直总线动态调频(dynamic frequency scaling,DFS)策略进行部分流量调节散热管理,并引入频率感知的自适应路由以绕开带宽拥塞的垂直总线。同时,部分流量调节散热较慢,主动式的流量调节机制常用于克服其散热的滞后性,即根据预测的温度是否超过热极限作为流量调节的依据。文献[6.6]基于 3D NoC 的暂态热传输特性提出了一种 RC 温度预测模型,在 5 个热控制周期内的预测精度可以达到 0.2℃。由于片上系统的 RC 参数通常随着温度波动,文献[6.7]提出了一种最小均方差(least mean square,LMS)自适应滤波器,以提高 3D NoC 中的温度预测精度。

诚然,精确的温度预测是实现高效的主动散热管理机制的基础,但热控制振荡过程不仅取决于输入控制信号的精确性,更依赖于控制模型与系统的匹配性。在已有文献中,通常基于单个路由节点的流量—温度模型来确定流量调节比例。而事实上,由于 NoC 中同一个数据包的传输路径常包含多个路由节点,当某个路由节点进行流量调节时,其他路由节点的流量也会受到影响,即不同路由节点的流量调节作用是互相叠加的,而在整个互连网络中,不同路由节点流量调节作用的叠加存在很大的不确定性,因此很难给出流量调节比例与温度增量之间的控制模型。在 AccessNoxim 仿真环境中,以 8×8×4 3D Mesh NoC 为例,通过流量调节实验研究了这一不确定性,如图6.1 所示。

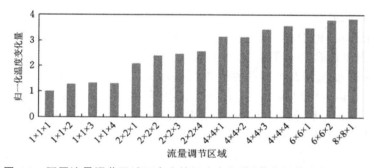

图 6.1　不同流量调节区域下产生的温度变化量(带宽调节比率为 25%)

在图 6.1 所示的流量调节实验中,路由带宽调节比率固定为 25%。在每次实验中,调节区域(参与带宽调节的路由节点数及其分布)各不相同,但路由节点 $R(4,4,4)$ 始终包含在流量调节区域。通过跟踪路由节点 $R(4,4,4)$ 的温度变化量可以发现,当整个网络中参与流量调节的路由节点数不同时,即便使用相同的带宽调节比率,节点所产生的温度变化量也存在较大差异。

基于此,本章将首先建立 3D NoC 的热控制模型,并在此基础上研究基于模糊逻辑的协同式部分流量调节散热管理方法(collaborative fuzzy-based partially-throttling dynamic thermal management,CFP-DTM),以解决流量调节比例与温度增量之间难以建立精确控制模型的问题。

6.2　3D NoC 热控制模型

本章仍以 3D Mesh NoC 为研究对象,问题分析沿用图 5.1 所示的热传输模型,并忽略水平方向的热耦合,各路由节点的温度仍由式(5.3)表示。

各路由节点的温度增量可表示为:

$$\Delta T_{(x,y)}^{z} = \sum_{k=1}^{N} R_{k}^{z} \Delta P_{(x,y)}^{k} \tag{6.1}$$

其中,

$$R_{k}^{z} = \frac{\partial T_{(x,y)}^{z}}{\partial P_{(x,y)}^{k}} = \begin{cases} \dfrac{1}{g_{hs}} + \dfrac{k-1}{g_{inter}}, & 1 \leqslant k < z; \\ \dfrac{1}{g_{hs}} + \dfrac{z-1}{g_{inter}}, & z \leqslant k \leqslant N \end{cases} \tag{6.2}$$

路由节点的功耗 $P_{(x,y)}^{z}$ 由泄漏功耗和动态功耗两部分组成。泄漏功耗主要取决于路由节点的制造工艺、规格与设计形式,当路由节点在热安全状态下工作时,可以认为基本不变。而路由的动态功耗可以表示为[6.8]:

$$P_{dynamic} = \frac{1}{2} \alpha C v^{2} f_{clk} \tag{6.3}$$

式中　α——包交换活动系数;

　　　C——开关电容;

　　　v——供电电压;

　　　f_{clk}——路由时钟。

拟采用时钟门控机制来调节包交换速率,进而调节路由器的动态功耗。令时钟门控比率为 $r_{(x,y)}^{z}$,则式(6.1)可改写为:

$$\Delta T_{(x,y)}^{z} = \frac{1}{2} \sum_{k=1}^{N} R_{k}^{z} \alpha_{(x,y)}^{k} C v^{2} f_{clk} r_{(x,y)}^{k} \tag{6.4}$$

将 R_{k}^{z} 归一化到 R_{Z}^{z},则 $\Delta T_{(x,y)}^{z}$ 可表示为:

$$\Delta T_{(x,y)}^{z} = K_{1} \left(\sum_{k=z}^{N} \alpha_{(x,y)}^{k} r_{(x,y)}^{k} + \sum_{k=1}^{z-1} K_{k}^{z} \alpha_{(x,y)}^{k} r_{(x,y)}^{k} \right) \tag{6.5}$$

式中　$K_{1} = \dfrac{1}{2} R_{Z}^{z} C v^{2} f_{clk}$;

　　　$K_{k}^{z} = \dfrac{g_{inter} + (k-1) g_{hs}}{g_{inter} + (z-1) g_{hs}}$。

可见,一个节点功耗会对位于同一 Pillar 内所有节点的温度产生影响,因此很难为每个节点单独计算时钟门控比率进行温度控制。因此,将处于同一 Pillar 中最热节点的温度作为控制对象,同一 Pillar 中所有节点的部分流量调节行为将通过一个控制器实现,同一 Pillar 中加入流量调节行为的节点数目可以动态调整,但它们的时钟门控比率将保持相同。假定最热节点为 $n_{(x,y)}^m$,其温度应满足:

$$T_{(x,y)}^m = \max\{T_{(x,y)}^i \mid 1 \leqslant i \leqslant N\}$$

则拟采用的温度控制模型可表示为:

$$\Delta T_{(x,y)}^m = K_1 r_{(x,y)} \left(\sum_{k=m}^{N} \alpha_{(x,y)}^k S_{(x,y)}^k + \sum_{k=1}^{m-1} K_k^z \alpha_{(x,y)}^k S_{(x,y)}^k \right) \tag{6.6}$$

式中,$S_{(x,y)}^k$ 为节点 $n_{(x,y)}^k$ 的流量调节开关因子,当节点加入流量调节操作时,其值为 1。

本章将以式(6.6)作为部分流量调节散热管理的控制模型,通过改变流量调节开关因子 $S_{(x,y)}^k$ 和时钟门控比率 $r_{(x,y)}^k$ 实现 3D NoC 中路由节点的流量调节。

6.3 CFP-DTM 的设计原理

6.3.1 CFP-DTM 的设计框架

由式(6.6)可知,温度增量除了与流量调节开关因子 $S_{(x,y)}^k$ 和时钟门控比率 $r_{(x,y)}^k$ 有关,还与包交换活动系数 α 密切相关。而包交换活动系数与网络拥塞程度密切相关,因此会随着流量调节开关因子 $S_{(x,y)}^k$ 和时钟门控比率 $r_{(x,y)}^k$ 发生变化,这些系数通常通过网络仿真器仿真获得,而无法事先精确建模。鉴于温度控制系统为一阶缓变系统,拟以节点当前的温度裕度与温度增量为输入,采用模糊控制逻辑实现部分流量调节,并设计流量调节感知的自适应路由以降低网络带宽分布不均衡导致的拥塞问题,所形成的 CFP-DTM 框架如图 6.2 所示。

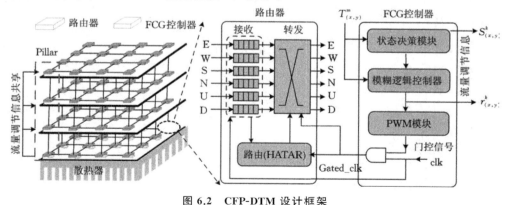

图 6.2　CFP-DTM 设计框架

CFP-DTM 在底层的每个路由节点放置一个模糊时钟门控(fuzzy clock gating,FCG)控制器,负责其所在柱状区域内所有路由节点的流量调节决策,相应的流量调节信息将在同一 Pillar 内所有路由节点间共享。FCG 控制器内部含 3 个组件：用于确定哪些路由节点参与流量调节（即 $S_{(x,y)}^k$）的状态决策模块、用于确定时钟门控比率 $r_{(x,y)}^k$ 的模糊逻辑控制器（fuzzy logic controller，FLC）及用于将时钟门控比率 $r_{(x,y)}^k$ 转化为门控信号的脉宽调制模块（pulse width modulation，PWM）。时钟门控操作使得网络带宽分布不再均衡，CFP-DTM 引入了高自适应度的流量调节感知的自适应路由（highly adaptive throttling—aware routing，HATAR）以降低网络拥塞。

6.3.2　流量调节状态决策

基于一个 Pillar 中最高路由节点的温度 $T_{(x,y)}^m$，FCG 控制器将 Pillar 的热状态划分为 TS（thermal safe，热安全状态）、TB（thermal buffer，热缓冲状态）、TE（thermal emergent，热预警状态）以及 TuS（thermal unsafe，热失控状态）4 种，如图 6.3（a）所示。在无散热管理机制时，节点温度最终上升到其稳态温度 T_{ss}，可能高于系统热安全极限温度 T_{LH}，此时 Pillar 处于 TuS 状态。为了确保所有节点的温度低于 T_{LH}，FCG 控制器引入了两个热阈值：触发温度 T_T 及软极限温度 T_{LS}，两个温度阈值之间的热状态称为 TB 状态，温度低于触发温度 T_T 时称为热安全状态，高于软极限温度 T_{LS} 而低于热安全极限温度 T_{LH} 时称为 TE 状态。FCG 控制器通过调整时钟门控比率，以期 Pillar 处于 TB 状态。当其处于 TE 或 TS 状态时，说明在特定流量负荷下的控制增益太小或太大，需要相应地调整参与流量调节的路由节点数目。

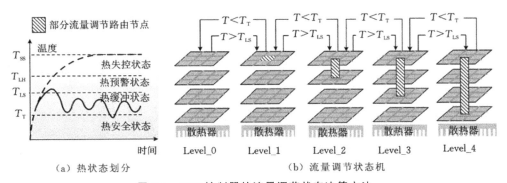

图 6.3　FCG 控制器的流量调节状态决策方法

（a）热状态划分　　　　　（b）流量调节状态机

Pillar 的流量调节行为与其所处的热状态密切相关。根据 Pillar 中参与流量调节的节点数目，其可能具有几种不同流量调节状态，如图 6.3（b）所示，用 $Level\_i$ 表示，代表该 Pillar 中有 i 个节点参与了部分流量调节。由于在 3D IC 中，靠近散热层的水平层具有较高的散热效率，FCG 控制器总是尽可能令流量调节状态处于较低的 Level 值。状态决策过程如下：

当 Pillar 处于 TS 区域时，无须对路由进行流量调节操作，Pillar 状态设置为

Level_0;当其由 TS 区域进入 TB 区域时,最顶层的路由节点将进行流量调节操作,并通过动态调整流量调节比率使 Pillar 的热状态尽可能保持在 TB 区域;当其进入 TE 区域(即当前温度高于 T_{LS} 时),意味着流量调节增益不足,Pillar 流量调节状态的 Level 值将加 1,令更多的路由节点参与流量调节操作;当其返回至 TS 区域(即当前温度低于 T_T 时),意味着流量调节过度,Pillar 流量调节状态的 Level 值将减 1,减少参与流量调节操作的路由节点。通过上述方式,流量调节状态最终将调整至适应特定负荷的配置方式,在确保热安全极限的条件下,最大限度地提升 3D NoC 的通信性能。

6.3.3　流量调节比例决策

模糊时钟门控控制器中的流量调节比例确定策略基于式 4.1 所描述的热学傅里叶定律。令 Pillar 的稳态温度与初始温度分别为 T_{ss} 和 T_0,则其瞬时温度 $T(t)$ 可以表示为:

$$T(t) = T_{ss} - (T_{ss} - T_0) e^{-\frac{1}{RC}t} \tag{6.7}$$

在时刻 t 与 $t + \Delta t_s$ 的温度变化率可分别表示为:

$$\frac{dT(t)}{dt} = \frac{1}{RC}(T_{ss} - T_0) e^{-\frac{t}{RC}} \tag{6.8}$$

$$\frac{dT(t + \Delta t_s)}{dt} = \frac{1}{RC}(T_{ss} - T_0) e^{-\frac{1}{RC}(t + \Delta t_s)} \tag{6.9}$$

于是有:

$$\frac{dT(t + \Delta t_s)}{dt} = m \cdot \frac{dT(t)}{dt} \tag{6.10}$$

其中,$m = e^{-\frac{\Delta t_s}{RC}}$,与集成电路的等效热阻、热容及热控制周期有关,描述了相邻热控制周期内温度增量的相关性。

令热控制周期为 Δt_s,则一个控制周期后的温度 $T(n+1)$ 可表示为:

$$T(n+1) = T(n) + m \cdot \Delta T(n) \tag{6.11}$$

如前所述,FLC 以将温度约束在 T_{LS} 之下为目标,即通过动态调节时钟门控比率,使得式(6.12)所表示的热控制误差越小越好。

$$e(n+1) = T_{LS} - T(n+1) = e(n) - m \cdot \Delta T(n) \tag{6.12}$$

因此,FCG 控制器将热控制误差 $e(n)$ 与温度变化量 $\Delta T(n)$ 作为 FLC 的输入,最终输出下一个控制周期内的时钟门控比率 $r(n+1)$,如图 6.4 所示。FLC 由输入变量模糊化、模糊推理及决策变量去模糊化 3 个部分组成。输入变量模糊化操作将温度控制误差 $e(n)$ 及温度变化量 $\Delta T(n)$ 的原始输入映射至隶属函数中,计算该值对应于特定模糊集的隶属度;模糊推理操作基于模糊规则进行输出变量决策;决策变量去模糊化操作使用最大平均法(mean of maxima,MoM)将所有规则下的模糊输出合并,形成时钟门控比率 $r(n+1)$。

基于 Intel 80 核处理器的几何尺寸及功耗模型构建了 $8\times8\times4$ 的 3D Mesh NoC 原型,设计了热控制误差 $e(n)$、温度变化量 $\Delta T(n)$ 及时钟门控比率 $r(n)$ 的输入空间及隶属度函数。每个隶属度函数均由 3 个模糊集构成。

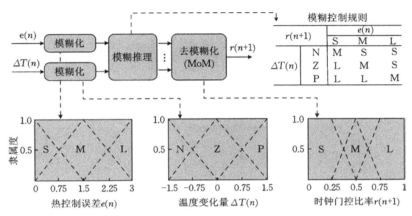

图 6.4　用于时钟门控比率决策的模糊逻辑控制器

模糊控制规则的设计以避免 Pillar 进入 TE 或 TS 区域为原则。较小的热控制误差 $[e(n)=S]$ 说明温度已经接近软极限温度 T_{LS},此时若温度变化量处于正值区间 $[\Delta T(n)=P]$ 或零值区间 $[\Delta T(n)=Z]$,很可能在下一个控制周期使 Pillar 进入 TE 区域,此时将时钟门控比率设置为较大值 $[r(n+1)=L]$;较大的热控制误差 $[e(n)=L]$ 说明 Pillar 的热状态已接近 TS 区域,此时若温度变化量处于负值区间 $[\Delta T(n)=N]$ 或零值区间 $[\Delta T(n)=Z]$,即温度几乎是不增大的,此时将下一个控制周期的时钟门控比率设置为较小值 $[r(n+1)=S]$ 以增加路由交换活动;当热控制误差处于中值区间时 $[e(n)=M]$,正的温度变化量 $[\Delta T(n)=P]$ 对应较大的时钟门控比率 $[r(n+1)=L]$,而负的温度变化量 $[\Delta T(n)=N]$ 对应较小的时钟门控比率 $[r(n+1)=S]$。

6.3.4　自适应路由策略

由于模糊时钟门控机制导致路由器的带宽呈不均匀分布,CFP-DTM 同步引入了一种高自适应度流量调节感知的自适应路由算法,如图 6.5 所示。

HATAR 仍采用最短路径路由以降低路由复杂度,并避免路由活锁。在路由策略上,HATAR 采用了与第 5 章中热均衡路由算法 Th_0 相似的方法来计算可供选择的无死锁路由方向,由图 6.5 中第 2～20 行描述。水平层采用不同的奇偶转弯模型实现不同水平方向的自适应度互补,从而扩展路径多样性,并增加数据流避开热点的可能性。同时,由于在 FCG 策略下靠近散热器的水平层最后加入流量调节操作,且具有较高的通信带宽,因此在垂直方向上,禁止数据包从上层转向水平方向,以提供将更多数据包牵引至靠近散热器的水平层中的可能性。

算法:高自适应度流量调节感知的自适应路由算法(HATAR)
输入: Source(x_s, y_s, z_s); Destination(x_d, y_d, z_d); Current(x_c, y_c, z_c)
TABL[dir] // 流量调节感知的可用缓冲
LTR[dir] // 大比率流量调节标识
输出: Direction selected // 选择的路由方向

1.　Avail_dir_set ←∅; Cleared_LTR_dir_set ←∅;
2.　IF $(x_s=x_d)$ AND $(y_s=y_d)$
3.　│ IF $(z_d>z_c)$
4.　│ │ 添加UP方向至可用输出端口集合Avail_dir_set;
5.　│ ELSE IF $(z_d<z_c)$
6.　│ │ 添加DOWN方向至可用输出端口集合Avail_dir_set;
7.　│ ELSE
8 　│ │ 返回LOCAL方向并退出;
9.　ELSE
10.　│ IF $(z_d<z_c)$
11.　│ │ 添加DOWN方向至可用输出端口集合Avail_dir_set;
12.　│ IF $(z_c\%\ 4 = 0)$
13.　│ │ 按照TF_OE路由策略添加水平方向至可用输出端口集合 Avail_dir_set;
14.　│ ELSE IF $(z_c\%\ 4 = 1)$
15.　│ │ 按照LF_OE路由策略添加水平方向至可用输出端口集合 Avail_dir_set;
16.　│ ELSE IF$(z_c\%\ 4 = 2)$
17.　│ │ 按照BF_OE路由策略添加水平方向至可用输出端口集合 Avail_dir_set;
18.　│ ELSE IF$(z_c\%\ 4 = 3)$
19.　│ │ 按照RF_OE路由策略添加水平方向至可用输出端口集合 Avail_dir_set;
20.　END IF
21.　IF (Avail_dir_set 仅包含一个可用输出端口)
22.　│ 返回Avail_dir_set中的端口方向;
23.　ELSE
24.　│ 将Avail_dir_set中LTR标志复位的端口方向拷贝至集合Cleared_LTR_dir_set;
25.　│ IF (Cleared_LTR_dir_set =∅)
26.　│ │ 返回集合Avail_dir_set中具有最大TABL值的方向;
27.　│ ELSE
28.　│ │ 返回集合Cleared_LTR_dir_set中具有最大TABL值的方向;
29.　END IF

图6.5　流量调节感知的自适应路由算法

在选择策略上，HATAR 采用了一种混合流量调节感知策略（combined throttling aware selection strategy，CTAS），由图 6.5 中第 21～29 行描述。CTAS 引入了两种流量调节感知的路由选择基准，即流量调节感知的可用缓冲（throttling aware buffer level ，TABL）及大比率流量调节标识（large throttling ratio，LTR），计算过程如式（6.13）和式（6.14）。

$$TABL=B_{size}\times(1-r)-B_{occup} \tag{6.13}$$

$$\mathrm{LTR}_{\mathrm{local}} = \begin{cases} 1, r \geqslant r_{\mathrm{th}}; \\ 0, r < r_{\mathrm{th}} \end{cases} \tag{6.14}$$

其中,TABL 为本地路由选择基准,B_{size} 为最大可用的输入缓冲容量,r 为流量调节比率,B_{occup} 为已经占用的缓冲数。$B_{\mathrm{size}} \times (1-r)$ 可以被视为是在流量调节比率 r 下的缓冲深度,用于指示流量调节下路由器的实际带宽。LTR 用于扩展流量调节信息的感知视野,当流量调节比率 r 大于阈值比率 r_{th} 时,置位 LTR 标志位,并沿 3D Mesh NoC 的轴向传播。基于这一轴向传播的标志位,远距离节点间的通信数据包在距大比率流量调节的路由节点较远时,可选择其他路由方向,从而避免进入通信拥塞区域。

基于 TABL 与 LTR 基准,HATAR 在特定节点具有多个无死锁可选路由方向时,将优先选择 LTR 未被置位的方向;当所有方向的 LTR 均被置位或者两个以上的方向具有未置位的 LTR 标志,则优先选择 TABL 值较高的方向。

6.4　性　能　仿　真

在热/流互耦三维片上网络仿真环境 AccessNoxim 中实现了 CFP-DTM 散热管理机制,首先对自适应路由 HATAR 回避温度热点的有效性进行了评估,在此基础上对 CFP-DTM 的散热效果及热约束下的通信性能进行了对比仿真。拓扑结构、路由架构及仿真过程参数设置与第 5 章 ArR-DTM 的仿真实验相同,3D Mesh NoC 中节点几何尺寸与功耗参数的设置仍与 Intel 80 核保持一致。

6.4.1　自适应路由 HATAR 的性能仿真

HATAR 采用互补奇偶转弯模型(COE)及混合流量调节感知策略(CTAS),提升了通信带宽不均衡分布时的路由性能。本组实验将其与各层采用相同的奇偶转弯模型的路由策略(TOE)及 TABL 选择策略下的路由性能进行了对比。在对比实验中,对部分流量调节的 Pillar 在平面内的分布设置为图 6.6 所示的 4 种情况,以静态构造出不同的非均衡带宽分布。在这 4 种静态流量调节状态下,两种路由策略的延时及饱和吞吐率对比分别如图 6.7 及图 6.8 所示。

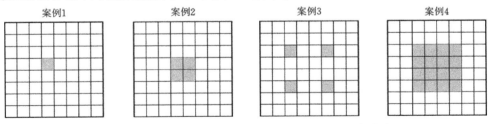

案例1　　　案例2　　　案例3　　　案例4

图 6.6　流量调节节点的平面分布(灰色块为流量调节节点)

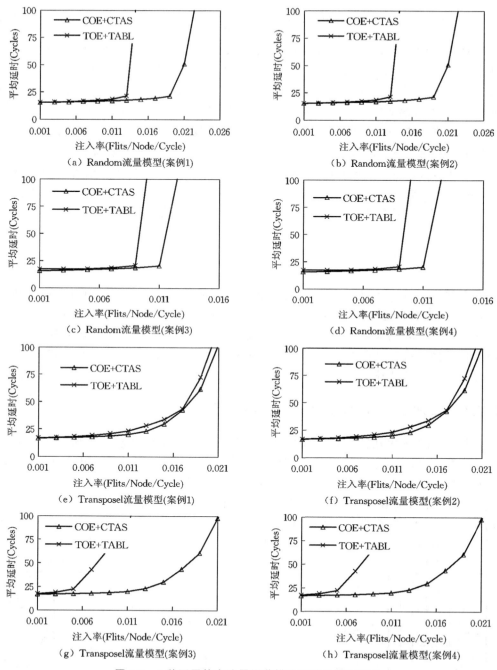

（a）Random流量模型(案例1)

（b）Random流量模型(案例2)

（c）Random流量模型(案例3)

（d）Random流量模型(案例4)

（e）Transposel流量模型(案例1)

（f）Transposel流量模型(案例2)

（g）Transposel流量模型(案例3)

（h）Transposel流量模型(案例4)

图6.7　4种不同静态流量调节模式下路由延时对比

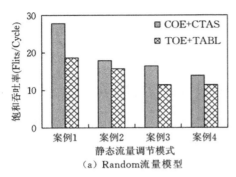
（a）Random流量模型

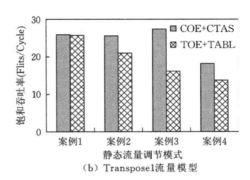
（b）Transpose1流量模型

图 6.8　4 种不同静态流量调节模式下饱和吞吐率对比

图 6.7 与图 6.8 所示的对比实验中，单个 Pillar 内进行流量调节的路由节点数设置为 3 个，流量调节比率固定为 75%，触发 LTR 标志位的阈值比率设置为 50%。其中，图 6.7（a）～图 6.7（d）展现了在 Random 流量模型下两种路由策略的延时对比；图 6.7（e）～图 6.7（h）展现了在 Transpose1 流量模型下两种路由策略的延时对比；图 6.8（a）与图 6.8（b）分别展现了在 Random 流量模型下及 Transpose1 流量模型下两种路由策略的饱和吞吐率对比；基于图 6.7 与图 6.8，相比于 TOE＋TABL 路由策略，HATAR 在饱和注入率、饱和吞吐率及饱和点处延时等方面的性能均有所提升。具体数据如表 6.1 所示。

表 6.1　HATAR 相较于 TOE＋TABL 路由策略的性能提升

流量调节模式	流量模型	饱和注入率 (Flits/Node/Cycle)		饱和吞吐率 (Flits/Cycle)		饱和点处延时 (Cycles)	
		TOE＋TABL	HATAR	TOE＋TABL	HATAR	TOE＋TABL	HATAR
案例 1	Random	0.013	0.021 (+61.5%)	18.7	27.8 (+49.2%)	21.4	17.5 (−18.2%)
	Transpose1	0.019	0.019 (+0.00%)	25.7	25.9 (+0.80%)	72.6	61.7 (−15.0%)
案例 2	Random	0.011	0.013 (+18.2%)	15.7	17.9 (+14.1%)	28.6	19.7 (−31.0%)
	Transpose1	0.015	0.019 (+26.7%)	21.0	25.6 (+21.8%)	76.7	33.7 (−56.1%)
案例 3	Random	0.009	0.011 (+22.2%)	11.4	16.5 (+44.1%)	20.8	18.6 (−10.6%)
	Transpose1	0.011	0.019 (+72.8%)	16.1	27.4 (+70.2%)	91.3	19.9 (−78.2%)
案例 4	Random	0.009	0.011 (+22.2%)	11.4	13.9 (+21.8%)	31.5	24.1 (−23.4%)
	Transpose1	0.009	0.013 (+44.4%)	13.7	18.2 (+32.7%)	82.8	42.5 (−48.6%)

实验表明,与 TOE+TABL 路由策略相比,HATAR 在 Random 流量模型下,饱和注入率最高提升了 61.5%,饱和吞吐率最高提升了 49.2%,饱和点处延时最多降低了 31%;HATAR 在 Tanspose1 流量模型下,饱和注入率最高提升了 72.8%,饱和吞吐率最高提升了 70.2%,饱和点处延时最多降低了 78.2%。可见,与 TOE+TABL 路由策略相比,HATAR 在带宽非对称分布的拓扑中具有更好的通信性能。

6.4.2 CFP-DTM 散热管理机制性能评估

本组实验对 3 种不同的动态散热管理机制进行了对比仿真,即 VT+TAAR、FCG+XYZ 及 CFP-DTM。其中,VT+TAAR 使用基于全关断技术的垂直流量调节机制,TAAR 实现非规则动态变化拓扑下的路由;FCG+XYZ 使用 FCG 控制器进行部分流量调节,但采用确定性 XYZ 路由;CFP-DTM 同步使用 FCG 控制器及 HATAR。

在对比实验中,热安全极限温度均设置为 $100\,^{\circ}\mathrm{C}$,VT 下触发关断操作的阈值温度及 FCG 中的软极限温度均设置为 $98\,^{\circ}\mathrm{C}$。流量分布含两种综合流量模型(Random 及 Transpose1)与一种真实应用。在综合流量模型 Random 及 Transpose1 下,数据包的注入率设置为饱和注入率,以达到最大的通信负荷。真实应用选择 MCSL 片上网络数据流套件中的 1024 点快速傅里叶变换 FFT,含 16384 个任务。仿真时,将该真实应用映射到 $8\times8\times4$ 的 3D Mesh NoC,并将任务的执行特点及通信依赖关系集成到仿真环境 AccessNoxim 中的 PE 组件中。3 种散热管理机制在 3 种不同流量模式下的吞吐率与延时对比分别如表 6.2 与表 6.3 所示。

表 6.2 3 种 DTM 下的吞吐率对比

DTMs	吞吐率(Flits/Cycle)		
	Random	Transpose1	FFT
XYZ w/o DTM	31.7	31.7	55.5
VT+TAAR[4.14]	21.5 (100%)	24.1 (100%)	25.3 (100%)
FCG+XYZ	23.8 (+10.7%)	20.6 (−14.5%)	25.9 (+2.37%)
CFP−DTM	27.5 (+27.5%)	26.5 (+9.96%)	27.4 (+8.30%)

表 6.3 3 种 DTM 下的延时对比

DTMs	平均延时(Cycles)		Cycle counts per FFT
	Random	Transpose1	
VT+TAAR[4.14]	100(100%)	130(100%)	1915 (100%)
FCG+XYZ	158(+58.0 %)	147(+13.1%)	1865(−2.61%)
CFP−DTM	86(−14.0%)	136(+4.62%)	1748(−8.72%)

由表 6.2 可知,3 种散热管理机制与不采用 DTM 的 XYZ 路由相比,均导致了吞吐率性能的下降,但 CFP-DTM 性能损失最小。与使用 TAAR 路由的垂直全关断 VT 相比,CFP-DTM 在 Random、Transpose1 及 FFT 流量分布下的吞吐率分别提升了 27.5%、9.96%、8.30%。但在 FCG 部分流量调节模式下采用 XYZ 路由时,相应吞吐率提升量有所降低。特别是在 Transpose1 流量模型下,与 VT＋HATAR 机制相比,FCG＋XYZ 机制的吞吐量降低了 14.5%。

由表 6.3 可知,CFP-DTM 在 Random 流量模型下的延时性能优于在 Transpose1 流量模型下的延时性能。与 VT＋TAAR 相比,CFP-DTM 在 Random 流量模型下的延时性能降低了 14%,但在 Transpose1 流量模型下的延时性能增加了 4.62%。在 FFT 真实应用下,CFP-DTM 完成一次 1024 点 FFT 运算所需要的周期数减少了 8.72%。在所有流量分布下,使用 XYZ 路由的 FCG 部分流量调节机制的平均延时高于使用 HATAR 时的平均延时。

实验还对比了 3 种 DTM 机制在 2～3s 仿真时间内的最高瞬时温度,以对热控制过程中产生的振荡进行分析,如图 6.9 所示。

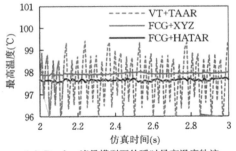

（a）Random流量模型下的瞬时最高温度轨迹

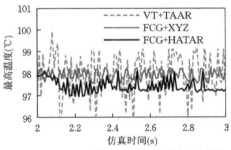

（b）Transpose1流量模型下的瞬时最高温度轨迹

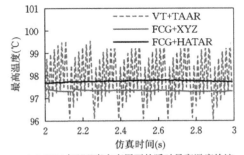

（c）1024点FFT真实应用下的瞬时最高温度轨迹

图 6.9　3 种 DTM 下的瞬时温度对比 (2～3s)

图 6.9 所示的瞬时温度曲线表明,3 种 DTM 在 3 种不同的流量分布下均可将温度控制在热安全温度 100℃ 以下,但基于 FCG 部分流量调节机制的两种 DTM 相比

基于全关断的垂直流量调节机制的热控制振荡更小。如图 6.9(a)所示,在 Random 流量模型下,VT+TAAR 的热控制振荡(温度曲线中波峰温度与波谷温度之差)可以达到 3.5℃,而两种基于 FCG 的 DTM 的热控制振荡不到 0.5℃,降低了约 3℃。在 Transpose1 流量模型下,所有 DTM 的热控制振荡相比 Random 流量模型均有所增大,但基于 FCG 部分流量调节的两种 DTM 仍优于 VT+TAAR 策略,如图 6.9(b)所示。在 FFT 真实流量模型下,基于全关断技术的垂直流量调节机制产生的热振荡显著高于在 Random 流量模型及 Tranpose1 流量模型下的情况,如图 6.9(c)所示。这是由于在 FFT 真实应用下,任务之间存在数据依赖关系,关断路由节点会导致部分数据无法传递,从而阻塞后续所有任务的执行,整个网络的流量迅速减小,温度快速回落至阈值温度以下;当控制周期结束后,网络又迅速恢复到全速状态,从而使得温度快速回升,最终导致较大的热控制振荡过程。

由上述吞吐率、延时及瞬时温度的对比可知,部分流量调节机制下的热控制振荡相比于全关断流量调节机制较小,但当同步引入自适应路由实现协同散热管理时才具有较好的延时及吞吐率性能,对提升热安全约束下的通信性能具有重要意义。

6.4.3 面积开销对比

CFP-DTM 共引入了 4 个模块来实现动态散热管理:状态决策模块、模糊逻辑控制器、PWM 模块及 HATAR 自适应路由模块。状态决策模块与模糊逻辑控制模块仅在 3D NoC 的最底层存在,而 PWM 模块与 HATAR 模块则在所有层的路由节点中均存在。以 $8 \times 8 \times 4$ Mesh NoC 为例,在 TSMC 90nm CMOS 工艺下实现了上述 4 个模块,以对其面积开销进行评估。

CFP-DTM 中,$S_{(x,y)}$ 与 $r_{(x,y)}$ 由 FCG 控制器决定。硬件实现时,$S_{(x,y)}$ 是一个 4 bit 信号,其第 k 位用于指示节点 $N(x,y,k)$ 是否加入流量调节操作中,由图 6.3(b)所示的状态决策模块生成。在 Level_0 流量调节模块下,$S_{(x,y)}$ 将设置为 $\{0000\}$,在 Level_4 流量调节状态下则设置为 $\{1111\}$。流量调节比率 $r_{(x,y)}$ 实际上是用于实现时钟门控的 PWM 信号的占空比。在 6.4.2 节的仿真实验中,PWM 信号的周期设置为 4 个时钟周期,脉宽由模糊逻辑控制器确定并舍入为 0～4 之间的整数。PWM 模块的实现较为简单,仅需一个 2 位的计数器及一个比较器,当计数器的当前值小于 FLC 确定的 PWM 脉宽(PWM_w)时,时钟门控信号清零,否则置 1。

从硬件开销方面考虑,没有直接实现 FLC 的组件,而是先使用 Matlab 中的 Fuzzy Toolbox 获得 6.3.3 节所述 FLC 的控制曲面,并将其划分成几个区域,每个区域下的脉宽可直接确定,如图 6.10 所示。基于简化控制曲面,FLC 最终由几条简单的控制规则实现。

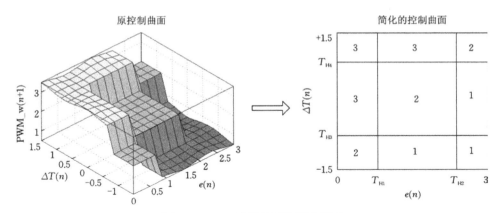

图 6.10　FLC 控制曲面的简化实现

HATAR 采用 4 种不同的奇偶转弯模型 RF_OE、BF_OE、LF _OE 及 TF_OE，但由于其他几种转弯模型由 RF_OE 旋转而得，其硬件开销是相同的，因此 HATAR 的硬件实现以其在 RF_OE 层为例进行说明，如图 6.11 所示。

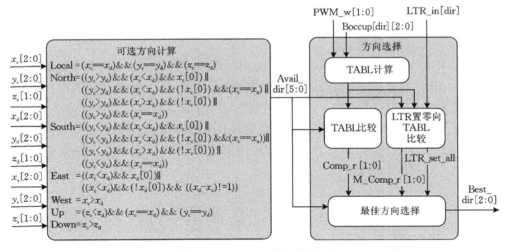

图 6.11　HATAR 的硬件实现

基于源节点(x_s, y_s, z_s)、目标节点(x_d, y_d, z_d)及当前节点(x_c, y_c, z_c)坐标，路由计算模块首先确定无死锁的可选路由方向（Avail_dir），并输入至方向选择模块。方向选择模块基于 PWM 脉宽值（PWM_w）及已占用输入缓冲空间（B_{occup}），计算每个方向的 TABL 值。若特定方向的 LTR_in 标志置 1，其 TABL 值将屏蔽为最小值。然后，对所有可选方向的 TABL 值进行比较，并根据比较结果（M_Comp_r）及可选的路由方向（Avail_dir）最终确定最佳路由方向。若所有可选方向的 LTR_in 标志位

127

均被置位,则采用未被屏蔽的 TABL 值比较结果作为选择最佳方向的依据。

在 TSMC 90nm CMOS 工艺下,CFP-DTM 所引入的硬件开销如表 6.4 所示。CFP-DTM 的额外面积开销合计约 3063 μm^2,而用于全关断 DTM 中的 TAAR 路由的额外面积开销约为 91780 μm^2(UMC 90nm 工艺)[6.10],CFP-DTM 所产生额外面积开销远小于 TAAR 的面积开销。

表 6.4　TSMC 90nm CMOS 工艺下 CFP-DTM 的硬件开销

模块	面积开销(μm^2)
状态决策模块	244
模糊逻辑控制器	454
PWM 模块	68
HATAR 自适应路由模块	2297
合计硬件开销	3063

6.5　本章小结

本章针对 3D NoC 中部分流量调节机制散热较慢且难以建立精确控制模型的问题,以 3D NoC 的稳态与暂态热传输特性为依据,设计了基于模糊逻辑的协同式部分流量调节散热管理机制 CFP-DTM。该机制以当前温度裕度与温度增量为输入,基于模糊逻辑确定时钟门控比率,并引入流量调节感知的自适应路由,以降低带宽分布不均衡导致的通信拥塞,最终在较小的热控制振荡及散热管理下获得较高的通信性能。

6.6　参 考 文 献

[6.1] Chao C H,Jheng K Y,Wang H Y,et al.Traffic-and thermal-aware run-time thermal management scheme for 3D NoC systems[C]//Proceedings of the Fourth ACM/IEEE International Symposium on Networks-on-Chip.Grenoble:IEEE Computer Society,2010:223-230.

[6.2] Lin S Y,Yin T C,Wang H Y,et al.Traffic-and thermal-aware routing for throttling three-dimensional network-on-chip system[C]//Proceedings of 2011 International Symposium on VLSI Design,Automation and Test.Hsinchu:IEEE,2011:1-4.

［6.3］ Chao C H，Chen K C，Yin T C，et al．Transport Layer Assisted Routing for Run-Time Thermal Management of 3D NoC Systems［J］．ACM Transactions on Embedded Computing Systems，2013，13(1)：1-22.

［6.4］ Chen K C，Lin S Y，Hung H S，et al．Topology-aware adaptive routing for nonstationary irregular mesh in throttled 3D NoC systems［J］．IEEE Transactions on Parallel & Distributed Systems，2013，24(10)：2109-2120.

［6.5］ Zheng J T，Wu N，Zhou L，et al.，DFSB-based thermal management scheme for 3-D NoC-bus architectures［J］．IEEE Transactions on Very Large Scale Integration Systems，2016，24(3)：920-931.

［6.6］ Chen K C，Chang E J，Li H T，et al．RC-based temperature prediction scheme for proactive dynamic thermal management in throttle-based 3D NoCs［J］．IEEE Transactions on Parallel and Distributed Systems，2015，26(1)：206-218.

［6.7］ Chen K C，Li H T，Wu A Y．LMS-based adaptive temperature prediction scheme for proactive thermal-aware three-dimensional network-on-chip systems ［C］//Proceedings of the 2014 International Symposium on VLSI Design，Automation and Test．Hsinchu：IEEE，2014：1-4.

［6.8］ Pedram M，Nazarian S．Thermal modeling，analysis and management in VLSI circuits：principles and methods［J］．Proceedings of the IEEE，2006，94(8)：1487-1501.

［6.9］ Wang S，Bettati R．Reactive speed control in temperature-constrained real-time systems［J］．Real-Time Systems，2008，39 (1)：73-95.

第7章 片上网络仿真工具 Booksim

7.1 Booksim 仿真环境的构建

7.1.1 Booksim 与 Noxim 的差异

Booksim 与 Noxim 同为周期精确的片上网络仿真环境,在功能上有所覆盖,但在以下几个方面存在差异。

7.1.1.1 路由微结构描述

尽管 Noxim 的最新版本增加了对虚通道的支持,但其路由、虚通道分配和数据转发均集中在数据发送进程中,而接收进程仅是将数据放至输入缓存区。发送进程和接收进程的操作复杂度并不对等,均分配在一个时钟周期内完成是不够灵活的。

在 Booksim 中,路由计算、虚通道分配、开关分配、数据转发等基本操作可以单独配置,且支持通过 Speculative 技术和 Look ahead 技术优化路由流水线操作。因此,Booksim 在路由微结构的设计和优化上显得更加灵活。

7.1.1.2 仲裁机制

Booksim 中集成了多种分配器(allocator)和仲裁器(arbiter)用于虚通道分配、交叉开关分配等资源争用环节,基于不同的分配器和仲裁器可以较方便地在 NoC 中集成通信质量管理机制(QoS),以提供带宽或延时保障。

在 Noxim 中,没有专门的分配器和仲裁器,在输出端口分配仲裁过程中,通过起始端口的选择来决定仲裁机制,优先查询的端口具有较高的优先级。若总是从固定的输入端口开始,则实际上采用的是固定优先级仲裁器;若每次仲裁都更换一个起始端口,则每个端口轮流成为最高优先级,实际上是轮流服务仲裁器。由于查询输入端口的顺序决定服务的优先级,在路由转发的过程中为特定的数据流分配优先级变得十分困难。

7.1.1.3 拓扑结构

Booksim 支持子网结构,集成了 Mesh、Cmesh、Dragon fly、Fly、KNCube、Fat

Tree、Flat Fly、Tree 等多种拓扑结构,支持用户通过文件指定路由连接来创建任意拓扑结构。Noxim 支持 3D NoC 仿真,并在其更新版本中增加了对无线 NoC 的支持。但 Noxim 支持的拓扑结构相对单一,其最初版本仅支持 Mesh 结构,在更新版本中新增了 Butterfly、Baseline、Omega 等拓扑结构。

7.1.1.4　路由策略

Booksim 中的路由策略是基于拓扑的,不同的拓扑采用的路由策略不同,同一拓扑仅支持有限的路由策略。而 Noxim 提供了丰富的路由算法,但多基于 Mesh 结构。

7.1.1.5　编程语言

二者均采用 C++编写,但 Noxim 基于 SystemC 类库,在编程风格上更体现硬件特性,能较好地反映硬件模块之间的互连关系及进程的并发特性。因此,对于硬件设计者而言,Noxim 的代码容易入门。

综上,本章将以 Booksim 为载体,重点对 Noxim 和 AccessNoxim 未覆盖的 NoC 设计问题进行分析。

7.1.2　Booksim 的安装

Booksim 使用 C++编写,可以在 Unix 下采用 GNU C++编译器(3.0 以上版本)编译。Windows 用户可以通过 Cygwin(1.7.18 以上版本)构建开发环境,Cygwin 的下载和安装方法可以参考第 3 章 Noxim 的安装过程,本章不再赘述。Booksim 前端需要使用 LEX 和 YACC 两个工具来分析和处理配置文件,因此开发环境除了需要安装 Booksim 外,还需要安装 flex 和 bison 两个工具。基本的安装步骤如下:

(1) 下载并安装 flex 和 bison。在 Unix 下载这两个软件十分简单,只需键入下述两行命令,后续即可直接开始 Booksim 的安装。

输入命令:sudo apt- get install flex

输入命令:sudo apt- get install bison

Windows 系统下基于 Cygwin 环境安装 flex 和 bison 稍显复杂,首先需要下载相关程序并在 Windows 系统下安装。本章中安装路径选择为"D:\Program Files (x86)\GnuWin32",安装版本为 flex-2.5.4a-1 和 bison-2.4.1,参考下载链接如下:

flex:https://sourceforge. net/projects/gnuwin32/files/flex/2. 5. 4a-1/flex-2.5.4a-1.exe

bison:https://sourceforge. net/projects/gnuwin32/files/bison/2. 4. 1/bison-2.4.1-setup.exe

（2）设置 flex 和 bison 环境变量。在"系统/高级系统设置/环境变量/高级"选项卡下打开环境变量设置窗口，双击"PATH"变量后单击"新建"，将 flex 和 bison 的安装路径"D:\Program Files（x86）\GnuWin32"添加至"PATH"中。

（3）安装文件迁移。将 flex 和 bison 在 Windows 系统下的安装文件拷贝至 Cygwin 环境下。具体而言，涉及以下 3 个文件夹：

① 将 D:\Program Files（x86）\GnuWin32\bin 下的文件拷贝至 D:\cygwin\bin 下。注意不能仅复制 flex.exe 与 bison.exe 两个文件，否则在后续编译 Booksim 时，会因 dll 缺失而无法正常编译。

② 将 D:\Program Files（x86）\GnuWin32 的 share 文件夹复制到 D:\cygwin 下面。

③ 将 D:\Program Files（x86）\GnuWin32\lib 下的 libfl.a 和 liby.a 复制到 D:\cygwin\lib 下。

（4）测试 flex 和 bison。进入 Cygwin 窗口，通过查看 flex 和 bison 的版本号可以判别两个软件是否正常安装，测试结果如图 7.1 所示。

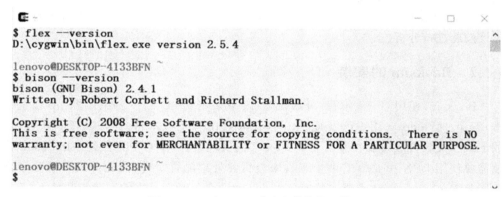

图 7.1　flex 与 bison 成功安装的显示界面

（5）下载 Booksim 源代码，并将其复制到 Cygwin 环境 home 的用户文件夹下，本章中，文件复制到了 D:\cygwin\home\lenovo，其中 lenovo 为用户名。Booksim 的最新版本可以到网址 https://github.com/booksim/booksim2 下载。

（6）编译 Booksim。将当前文件夹切换至 Booksim 的 src 文件夹下，makefile 文件在该文件夹下。输入 make clean 命令，清除之前的编译结果，输入 make 命令，重新编译 Booksim。编译正常后的显示结果如图 7.2 所示。

（7）运行仿真软件。输入./booksim examples/cmeshconfig，启动一次仿真操作。其中，cmeshconfig 为 cmesh 网络的参数配置文件，放在 src/examples 文件夹下。未在配置文件中指定的参数将使用默认值，这些默认值通过 Booksim 源文件 booksim_config.cpp 设置。图 7.3 为该次仿真的运行结果。

图 7.2　Booksim 编译结果

图 7.3　仿真示例 cmesh 的运行结果

7.2　Booksim 的程序组织及事件驱动

7.2.1　程序组织

在某些场景下,片上网络需要多个物理子网,来分别传输不同功能的数据流,以保障通信质量或避免逻辑层的死锁。每个物理子网可以采用不同的互连结构、数据位宽或交换机制以满足不同特征数据流的通信需求。如 Tilera 公司的 TILE64 微处理器有 5 个物理子网,其中一个子网为静态网络,采用电路交换机制,其他 4 个子网为动态网络,采用虫孔交换机制。

Booksim 支持构建多个物理子网,在数据源节点中为每个子网维护一个数据注入缓存。所有子网的参数是相同的,即各个子网同构。因此,有多个子网和仅有一个子网的互连架构的主要不同在于——数据注入互连网络和从互连网络移出的环节。图 7.4 展示了 NoC 架构中各组件与 Booksim 源代码间的对应关系。

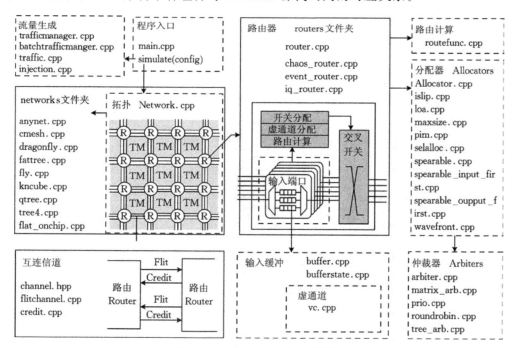

图 7.4　Booksim 的程序组织结构

程序入口 main()函数在读取网络配置参数后,通过调用 Simulate()函数开启一次仿真,依次完成 4 个操作:解析配置参数、构建网络拓扑、创建流量管理器(traffic manager，TM)并启动、功耗分析。与 Noxim 相同，拓扑构建过程主要是描述各路由节点之间的互连关系。路由器之间通过互连信道(channel)进行连接，每个信道包含一个从上游路由器到下游路由器的微片通道(flit channel)和一个从下游路由器到上游路由器的授信通道(credit channel)，授信通道主要是传输下游路由器中可用缓存空间的大小。

与 Noxim 不同，Booksim 没有处理器单元模块，而是通过流量管理器来产生通信流并注入网络的。其中，通信流的空间分布通过 TrafficPattern(traffic.ccp)描述，而通信流的时间分布通过 TrafficProcess(injection.cpp)描述。在默认情况下，所有发送到网络的数据包具有相同的长度，按配置参数指定的时间和空间分布特征在源节点生成，至目的节点接收。与 Noxim 相比，Booksim 支持请求应答(request reply)数据流的生成。当数据请求包(request packet)到达目的节点后，系统会自动生成应答包(reply packet)并将其反馈给数据请求的源节点。在这一模式下共形成读请求(READ_REQUEST)、读应答(READ_REPLY)、写请求(WRITE_REQUEST)、写应答(WRITE_REPLY)4 种不同类型的数据包。

Booksim 共提供了 3 种路由微结构，分别是 iq_router、event_router 和 chaos_router。iq_router 描述的是输入缓冲路由器(input queued router)，采用典型的四级流水线结构，路由内部依次完成路由计算、虚通道分配、开关分配和数据转发 4 个步骤。event_router 描述的是事件驱动路由器(event driven router)，适用于具有较多虚通道的场景。与输入缓冲路由器不同，事件驱动路由器不会持续查询虚通道的状态，而是跟踪虚通道的状态变化。由于每个周期内虚通道的状态变化是固定的，因此其执行效率与虚通道的数目无关。chaos_router 的结构与前两种路由器的主要区别在于，其内部输入和输出端口均存在数据缓存(_input_frame 和 _output_frame)，且没有虚通道。但所有输入端口配置了一个称为_multi_queue 的共享缓存，当某个端口的数据无法及时转发时，会临时存放至共享缓存中。

在 3 种路由微结构中，输入缓冲路由器需要对路由器内部的争用资源(虚通道、交叉开关)进行分配。在不同的分配策略下，这些争用资源的利用率是不同的，从而影响片上网络的整体性能。仲裁机制为争用这些资源的数据流分配服务顺序，不同的仲裁机制带来的服务质量也不尽相同。Booksim 中集成了多种分配器和仲裁器，它们分别封装在 allocators 和 arbiters 文件夹下。

7.2.2　事件驱动

在上一节中，本章通过程序组织分析了 Booksim 中片上网络的各个仿真组件。那么这些组件如何相互协作，从而完成片上网络的行为仿真？基于 SystemC，Noxim 通过发送进程和接收进程完成数据的注入与转发，当敏感信号有效(一般是时钟的跳变沿)时即可触发进程。Booksim 并非基于硬件描述语言编写,因此不涉及并发进程及敏感信号等概念,其事件驱动流程相对抽象一些。图 7.5 展示了 Booksim 中的事件驱动流程,描述了如何通过模块间的方法调用实现周期精确的行为仿真。

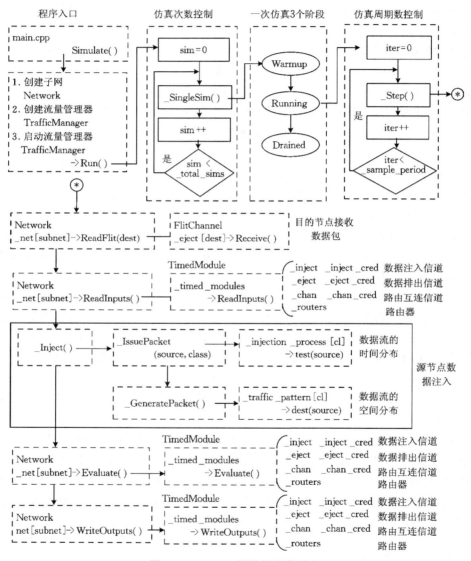

图 7.5　Booksim 周期级仿真时序

系统仿真始于程序入口文件(main.cpp)中的 Simulate( )函数,其中依次创建了互连子网和流量管理器,并通过流量管理器的 Run( )函数启动仿真。仿真次数由变量_total_sims 控制,其值可通过参数 sim_count 配置。每次仿真分为 3 个阶段,分别为预热阶段(Warmup)、运行阶段(Running)和数据排空阶段(Drained)。系统启动时,片上网络中的通信负荷不能体现真实流量分布。因此,预热阶段产生的数据量不计入仿真统计值。运行阶段即为仿真观测区间,该阶段的持续时间由变量_sample_period 控制,其值通过参数 sample_period 配置。在数据排空阶段,网络中不再注入数据。若配置参数 sim_type 指定的仿真类型为延时(latency)仿真,则数据排空阶段等待所有数据包到达目的节点可保证仿真的准确性,但若仿真类型为吞吐率(throughput)仿真,则不需要该阶段。

每个周期内_Step()函数执行一次,所有时序相关的操作在本函数中完成。其中主要的操作包括:

(1) 目的节点从 Ejection 信道接收数据。这一接收过程通过 Network 类中的 ReadFlit()函数调用 FlitChannel 类中 Receive()函数实现。

(2) 源节点注入数据包到网络。这一注入过程通过 TrafficManger 中的_Inject()函数实现,重点解决两个问题:一是判断该节点在本周期是否需要注入网络;二是在需要注入数据的情况下,生成数据包。上述功能分别通过_IssuePacket()和_GeneratePacket()两个函数实现。

是否需要向网络中注入数据,本质上是由流量的时间分布决定。网络上整体的数据负荷可以通过注入率配置,其值通过参数 injection_rate 指定,表示每个节点每个时钟周期内可向网络注入的数据包数。值得注意的是,这一注入率是一个统计值,具体的注入时间可以通过概率模型决定,通过参数 injection_process 指定。在 InjetionProcess 类下封装了两个不同的概率注入模型:Bernoulli 模型和 On-off 模型,是否注入通过 test()函数判定。在 Bernoulli 模型下,只要生成的随机数小于注入率即可注入数据。而在 On-off 模型下具有开启和关闭两个注入状态,仅在开启状态下才可以注入数据。两个注入状态的转换遵循一定的概率值,其值通过参数 burst_alpha 和 burst_beta 设置,注入状态下是否注入数据由突发率(参数 burst_r1)决定。Booksim 中 On-off 模型下 test()函数的实现代码如下:

```
bool OnOffInjectionProcess::test(int source)
{
  assert((source>=0)&&(source<_nodes));
  // 开关状态转换
  _state[source]=
    _state[source]?(RandomFloat()>=_beta):(RandomFloat()<_alpha);
  // 数据包注入判定
  return _state[source] && (RandomFloat()<_r1);
}
```

数据包生成的主要任务是确定数据包的基本信息,如数据包的类型、长度、序号和目的节点。对请求应答型数据流的生成,还需要进一步明确是读请求、读应答、写请求、写应答中哪种类型的数据包。在所有信息中,目的节点的生成方法决定了通信流的空间分布。在 TrafficPattern 类下封装了不同的流量模型,可以通过参数 traffic 指定。目的节点的确定由 test( )函数完成,不同流量模式的差异仅体现在源节点、目的节点的映射方式上。

（3）时序模块的读入、求值和输出。Booksim 中时序模块包含信道和路由器两类,它们都继承了 TimedModule 类,必须实现 ReadInput（ ）、Evaluate（ ）、WriteOutputs( ) 3 种方法,以供 Network 调用。路由器中上述 3 个函数的实现较为复杂,特别是 Evaluate( )函数,其与路由器的微结构密切相关,这将在下一节中详细描述。信道模块分 FlitChannel 和 CreditChannel,它们都继承了父类 Channel 下的 ReadInputs（ ）、Evaluate（ ）、WriteOutputs（ ）函数。由于信道只传输数据,因此,Channel 类下的 Evaluate( )函数没有定义具体操作。

7.3　路由器结构

7.3.1　硬件结构

如 7.2.1 节所述,Booksim 中集成了 3 种路由结构,即 iq_router、event_router 和 chaos_router。其中,输入缓存路由器(iq_router)中体现了较多设计细节,将作为本节的描述对象。Booksim 中支持虚通道的输入缓存路由器的基本硬件结构如图 7.6 所示。路由器组件包含数据传输链路和控制逻辑两类。其中,数据传输链路包括输入单元、输出单元、交叉开关;而控制逻辑则包括路由计算、虚通道分配、开关分配等。

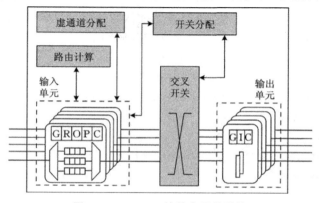

图 7.6　iq_router 的基本硬件结构

输入单元与输入端口相连接,每个输入单元包含一组缓存区,特定端口接收到数据包后将先缓存于输入端口。转发一个数据包前,路由计算模块先确定可转发的输出端口;虚通道分配模块进一步确定转发至输出端口的虚通道;开关分配模块为数据包转发建立输入端口与输出端口虚通道之间的数据链路,并分配转发时隙。基于上述控制逻辑建立了路由器内部的转发路径,输入端口中缓存的数据包沿着该路径到达输出端口,并提交到传输路径中的下一个路由器。

输入端口的每个虚通道维护着一个状态属性列表,以标记上述数据转发流程之下所处的状态及该状态下的运算结果。5 个状态属性分别是:全局状态(global state,G)、路由端口(route,R)、输出端口虚通道(output VC,O)、微片指针(poiters、P)以及可用缓存空间(credit count,C)。

状态属性列表中字段的含义分别是:

(1) G 字段一个虚通道的全局状态。包含空闲(idle,I)、路由(routing,R)、等待分配虚通道(wait for an output VC,V)、有效激活(active,A)、等待缓存空间(waiting for credits,C)5 类。在 Booksim 中,vc.hpp 文件通过枚举类型 eVCState 定义了上述路由状态,并通过 SetState()函数更新,而实际的更新过程是在 iq_router. cpp 中完成的。

(2) R 字段存储路由计算得到的输出端口。

(3) O 字段存储虚通道分配结束后得到的通道编号。

(4) P 字段存储输入缓存中的头、尾微片指针,基于这些信息可以计算输入缓存虚通道中的可用空间。

(5) C 字段存储与输出端口 R 的第 O 个虚拟通道相连接的下游微片存储器中的可用缓存空间。

上述 5 个字段中,G、R、O 3 个字段每转发一个数据包,动态更新一次;而 P、C 两个字段每转发一个微片,动态更新一次。

与输入端口相似,输出端口包含输出缓存和状态属性列表,状态信息列表含 G、I、C 3 个字段。其中,G 字段依然维护输出端口的状态;I 字段维护向输出虚通道转发微片的输入端口信息和虚通道信息;C 字段维护虚通道可用的缓存空间。输出端口虚通道含 Idle、Active 和 Waiting for credits 3 个状态,其含义与输入端口类似,不再赘述。

7.3.2　流水线操作

基于 7.3.1 所述的硬件结构,一个典型的支持虚通道的 iq_router 通常采用四级流水线结构。数据包的头微片依次经过路由计算(routing couputaiton,RC)、虚通道分配(virtual channel allocation,VCA)、开关分配(switch allocation,SA)以及数据转发(switch traversal,ST)4个基本步骤。为了更好地解释流水线时序,本节将流水线操作与7.3.1节所述输入、输出状态属性列表的更新过程相结合,形成如图7.7所示的状态转移图。其中,假定数据包由4个微片构成,即1个头微片、2个体微片、1个尾微片。

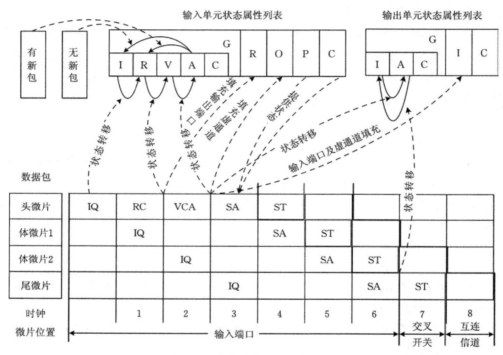

图 7.7 流水线操作及状态更新

当数据包头微片到达输入虚通道排队(input queueing,IQ),输入虚通道的状态由Idle(I)态转移到Routing(R)态,开始进入路由流水线操作。

在时钟周期1内,头微片完成路由计算,得到的输出端口更新至R字段,同时输入虚通道由Routing(R)态转移至waiting for an output VC(V)态。体微片1进入输入虚通道排队。

在时钟周期2内,头微片完成虚通道分配后,将分配结果更新至O字段,输入虚通道由waiting for an output VC(V)态转移至Active(A)态,分配成功的输出端口的虚通道状态也转移至Active(A)态。体微片2进入输入虚通道排队。

从第3周期开始,头微片及后续到达虚通道的所有微片都以微片为单位分配交叉开关的时隙。所有状态为Active,有未转发微片(P属性),且下游路由缓存中有可

140

用空间(C 属性)的虚通道都参与时隙分配。分配成功的微片所属的输入虚通道更新 P 字段和 C 字段,以动态反映虚通道缓存区的可用空间。此外,尾微片在本周期进入输入虚通道排队。

在第 4 周期内,交叉开关时隙分配成功的头微片从输入单元经过交叉开关送达输出端口。同时体微片 1 进入开关分配阶段。

在第 5 周期内,头微片从输出单元传输到互连信道至下一跳路由器输入端。体微片 1 从输入单元经过交叉开关送达输出端口。体微片 2 进入开关分配阶段。

在第 6 周期内,体微片 1 从输出单元经互连信道传输至下一跳路由器输入端。体微片 2 从输入单元经过交叉开关送达输出端口。尾微片进入交叉开关分配环节,若尾微片交叉开关分配成功,则释放该输入和输出虚通道。输出端口由 Active 态恢复为 Idle 态,并清空 I 字段;输入端口若有待转发数据包则跳转至 Routing 态,否则,恢复为 Idle 态。

在 Booksim 中,输入缓存型路由器的流水线操作主要封装在 iq_router.cpp 中的 3 个函数中,它们分别是 ReadInputs()、_InternalStep()、WriteOutputs()。其中,ReadInputs()函数从输入信道(_input_channels)读取 Flit 暂存于 _in_queue_flits 队列中。_InternalStep()函数封装了流水线操作,_InputQueuing()、_RouteEvaluate()、_VCAllocEvaluate()、_SWAllocEvaluate()、_SwitchUpdate()分别实现图 7.7 所示 IQ、RC、VCA、SA 和 ST 操作。WriteOutputs()将 _output_buffer 缓存中的微片转发至互连链路。

7.3.3 流水线停顿

在 7.3.2 节所述的流水线操作过程中,第 3 周期内头微片完成开关分配之前,从上游路由器接收的微片必须缓存至输入端口,因此虚通道的缓存空间至少需要容纳 3 个微片的大小。但上述过程是在所有流水线操作成功的前提下进行的,路由计算、虚通道分配、开关分配任意一项操作不成功,流水线都会出现停顿。此时,输入虚通道需要更大的缓存空间以充分利用传输带宽。图 7.8 展示了几种典型的流水线停顿的情形。

在图 7.8(a)中,路由计算操作确定数据包 A 所转发的输出端口 R,虚通道分配阶段因输出端口 R 全部虚通道都被占用,导致流水线停顿,直至 2 个时钟周期后,数据包 B 的尾微片完成 SA 操作,释放了同一输出端口的虚通道。

在图 7.8(b)中,体微片 1 由于开关分配失败产生了 1 个时钟周期的流水线停顿,开关分配失败的原因可能是两个相同的数据包争用同一个输出端口。

图 7.8(c)所示为 Credit 环延时导致流水线停顿。Credit 用于描述虚通道缓存中

的可用空间,当其数值为 0 时不能再接收其他微片,从而使上游路由器的流水线停顿。微片在数据链路的传输延迟和 Credit 反馈链路的传输延迟,会使流水线停顿的时间延长。图 7.8(d)描述了上游路由器 A 与下游路由器 B 所构成的 Credit 环,其中,数据链路的传输延迟和 Credit 反馈链路的传输延迟均为 2 个时钟周期,虚通道缓存空间为 4 个 Flits。

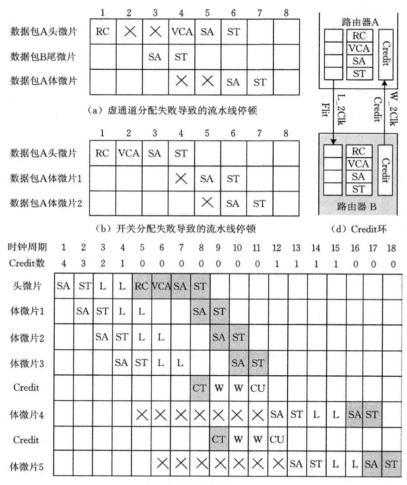

图 7.8 3 种流水线停顿现象

对于图 7.8(c)所示数据包 P 的转发情况,当上游路由器 A 对数据包 P 的头微片完成 SA 操作后,Credit 计数器字段减 1。直至后续 3 个体微片通过流水线后,Credit 计数器减为 0。由于数据链路有 2 个时钟周期的传输延迟,下游路由器 B 在第 7 个时钟周期完成对数据包 P 的头微片 SA 操作,在第 8 个时钟周期,路由器 B 的可用缓存空间数加 1[图 7.8(c)中表示为 CT],经过 2 个时钟周期的 Credit 信道延迟后,可用缓存空间的变化在路由器 A 的 Credit 计数器中更新[图 7.8(c)中表示为 CU]。在第 12 个时钟周期,体微片 4 进入流水线操作。由于 Credit 环延迟,体微片 4 的转发时间延迟了 7 个时钟周期。缓存区满带来的流水线停顿,会导致互连链路带宽利用率不足的问题。通过增大缓存空间或减小数据包长度,可以缓解流水线停顿带来的带宽利用不足问题。

7.4　分配器与仲裁器

7.4.1　分配器

分配器用于完成一组共享资源和一组请求信号间的匹配问题。在路由器中,分配器可用于为数据包分配虚通道或为微片分配交叉开关的时隙。在开关分配环节中,分组器的作用是处理一组输入端口中的数据包请求,将其转发至一组输出端口,开关分配策略需要完成具有数据转发需求的输入端口和可用输出端口间的匹配任务。在不同的分配策略下,交叉开关的使用效率是不同的,图 7.9 解释了不同匹配结果下的资源利用情况。

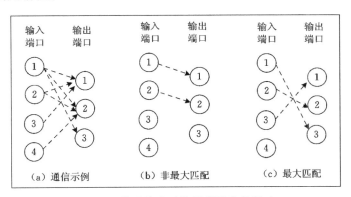

图 7.9　分配策略对资源利用率的影响

在图 7.9(a)的通信示例中,输入端口 1 有 3 个虚通道,分别请求输出端口 1、2、3;输入端口 2 有 2 个虚通道,分别请求输出端口 1、2;输入端口 3 和 4,分别请求输出端口 1 和输出端口 2。即分别存在 3 个数据流争用输出端口 1 和输出端口 2,一个数据流争用输出端口 3。在分配过程中,任意输入端口和任意输出端口只能使用一次。在图 7.9(b)所示的分配方案中,输出端口 1 和输出端口 2 分别分配给了输入端口 1

和输入端口 2。因此,输入端口 3 和输入端口 4 的请求无法得到响应,而输出端口 3 因唯一请求源是输入端口 1 而被闲置。与图 7.9(b)不同,图 7.9(c)所示在最大匹配策略下,所有的输出端口都未被闲置,交叉开关的带宽得到了充分利用。

在 Booksim 中提供的分配策略大致可以分为 3 类:最大匹配分配器、可分离分配器及波前分配器。几种分配器与源代码的对应关系如图 7.10 所示。不同分配器类型可以通过 sw_allocator 属性指定,属性值可查看 separable.cpp 文件。

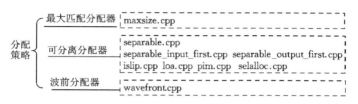

图 7.10　Booksim 支持的分配策略

7.4.1.1　最大匹配分配器

最大匹配策略基于增广路径算法(augmenting path algorithm),始于一个非最优的初始匹配方案所构成的有向图,通过循环迭代替换不合理分配,增加输入端口与输出端口的匹配数。对于具有 N 个端口的交叉开关,最大匹配的计算复杂度为 $O(N^{2.5})$。由于需要回溯和迭代,增广路径算法很难并行化或流水化。因此,在以微片为粒度的交叉开关分配场景下,该算法很难满足延时约束。不过,实现最大匹配,代表了分配器的最佳性能,故可作为其他实用分配算法的对比对象。增广路径算法的基本原理如图 7.11 所示。

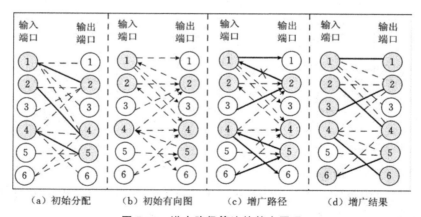

图 7.11　增广路径算法的基本原理

图 7.11(a)为非最优化的初始分配结果,实线连接的是匹配的输入输出端口对。基于图 7.11(a)所示的初始分配结果,形成图 7.11(b)所示的有向图,所有已匹配连接的方向为从输出端口指向输入端口(输出端口 2 到输入端口 1,输出端口 4 到输入端口 2,输出端口 5 到输入端口 4),未匹配连接的方向从输入端口指向输出端口。基于有向图,未匹配输入端口到未匹配输出端口间的有向路径即为增广路径。如图 7.11(c)所示,形成了两条增广路径:从输入端口 3 到输出端口 1,以及从输入端口 6 到输出端口 6。在增广路径中,移除从输出端口到输入端口的连接,增加从输入端口到输出端口的连接,最终形成图 7.11(d)所示的结果。可以看出,每找到一条增广路径,即可增加一对输入、输出端口匹配对,多次迭代后,即可形成最大匹配方案。

7.4.1.2　可分离分配器

大多数分配器基于可分离分配器设计,通过对输入端口和输出端口分别仲裁,实现交叉开关的分配。依据优先仲裁的对象不同,可分离分配器(Separable Allocator)进一步分为输入优先可分离分配器和输出优先可分离分配器,如图 7.12 所示。图中,r_{ij} 代表输入端口 i 对输出端口 j 的请求信号,g_{ij} 代表分配对 r_{ij} 的仲裁结果。

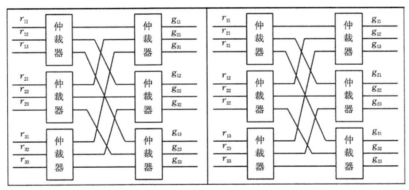

（a）输入优先可分离分配器　　　　（b）输出优先可分离分配器

图 7.12　两种可分离分配器

两种可分离分配器的结构十分相似,不同之处在于:输入优先可分离分配器先仲裁的是相同输入端口对不同输出端口的请求信号,而输出优先可分离分配器先仲裁的是不同输入端口对同一输出端口的请求信号。仲裁方式的不同,又会产生多种可分离分配器。

并行迭代匹配(parallel iterative matching,PIM)分配器使用随机仲裁器进行多次匹配,即在代码实现中,对于输出仲裁,随机选择一个输入端口作为起始端口;对于输入仲裁,则随机选择一个输出端口作为起始端口。这种方式消除了在特定流量模式下,特定输入端口因饿死而产生的死锁。

iSLIP 分配器采用轮流服务仲裁器。当输出仲裁器产生有效响应后,起始输入端口将动态更新,赢得仲裁的输入端口降为最低优先级;当输入仲裁器产生有效响应后,起始输出端口将动态更新,赢得仲裁的输出端口降为最低优先级。与 iSLIP 分配器不同,SelAlloc 仲裁器是一种优先级仲裁器,其在 iSLIP 的基础上引入优先级,具有最高优先级请求信号将赢得仲裁。

在热点流量模型下,部分输出端口的请求转发频次远高于其他端口,这导致转发频次较低的输出端口在输入仲裁的过程中不易胜出。为了解决这一问题,LOA (Lonly Output Allocation)分配器在输入仲裁前增加了计数器,用于统计对各个输出端口的请求数量。在输入仲裁过程中,请求计数值较小的输出端口将被赋予较高优先级。

7.4.1.3 波前分配器

与可分离分配器不同,波前分配器(wave front allocator)同时对输入端口和输出端口进行仲裁。波前分配器的基本结构如图 7.13 所示。图中,节点 ij 代表输入端口 i 对输出端口 j 发出的请求信号 r_{ij}。同一行的请求信号具有相同的输入端口,同一列的请求信号具有相同的输出端口。对于 $n \times n$ 交叉开关,可以按照 $(i+j) \% n$ 的值具有相同取值的请求信号划分为一组。

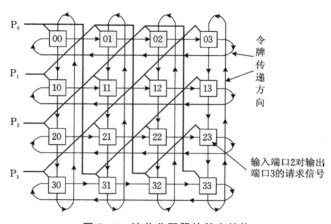

图 7.13 波前分配器的基本结构

P_k 为每个分组提供优先级,当 P_k 有效时,与之相连的所有请求信号将获得令牌。若这一组内的请求信号是有效的,则直接获得令牌;若这一组内的某个请求信号是无效的,则令牌沿着其所在的行和列向右或向下传递,直至被其他有效的请求信号捕获。为了保障公平性,每个周期内优先级信号 P_k 轮流有效。

假设在图 7.13 中,优先级 P_3 有效,则请求信号 $r30$、$r21$、$r12$、$r03$ 获得令牌。其中,请求信号 $r21$ 是有效的,因此使用令牌,输入端口 2 和输出端口 1 建立匹配连接。而请求信号 $r30$、$r12$、$r03$ 是无效的,因此令牌将向右或向下传递。沿着令牌传输方向,$r32$ 和 $r00$ 分别优先捕获行令牌和列令牌,输入端口 3 和 0 分别与输出端口 2 和 0 建立匹配连接。$r01$、$r02$、$r10$、$r11$ 因未能同时捕获行令牌和列令牌而未能创建匹配连接。

7.4.2　仲裁器

当多个用户请求源争用同一资源(如路由器内的缓存、信道和交叉开关等)时,仲裁器按一定的策略确定唯一的使用者。仲裁器的首要原则是公平性,即为每个请求者提供均等的服务。轮流服务仲裁器可以在一个路由器内为每个请求者提供均等的服务,但从数据流的全局通信过程看,轮流服务仲裁器所提供的局部公平性并不能保证全局的公平性。正如 1.4.1 节所描述的那样,通信距离较远的数据流获得的实际带宽更小。为了确保全局通信的公平性和可控性,路由器内部的仲裁器应采用优先权仲裁器。

Booksim 在 Arbiters 文件夹下集成了轮流服务仲裁器(roundrobin_arb.cpp)和优先权仲裁器(prio_arb.cpp)。但在 7.4.1 节所述的多数分配器中并未显式调用 Arbiters 下的仲裁器(separable_input_first 和 separable_output_first 除外),而是直接将仲裁器集成在分配器中。Islip 和 Selalloc 分配器中分别使用了轮流服务仲裁器和优先权仲裁器,当需要使用上述两种服务时,只需将仲裁器类型设置为 islip 或 selalloc 即可。

Selalloc 分配器实现了优先权仲裁机制,但其本身并不确定以何种信息作为优先权使用。因此,使用 Selalloc 分配器时需要在配置文件中通过 priority 属性指定使用何种信息作为优先权的依据。通过 trafficmanager 文件可以查看 priority 属性的可选参数。目前的版本中,主要有 class、age、network_age、local_age、queue_length、hop_count、sequence 等。这些优先级信息的确定及更新位置可以参考表 7.1。

表 7.1　优先级信息及其更新位置

参数值	优先权信息	所在更新文件	所在更新函数
class	_class_priority	trafficmanager.cpp	_GeneratePacket()
age	max()−time	trafficmanager.cpp	_GeneratePacket()
network_age	max()−_time	trafficmanager.cpp	_Step()
local_age	max()−GetSimTime()	vc.cpp	AddFlit()

续表7.1

参数值	优先权信息	所在更新文件	所在更新函数
queue_length	_buffer.size()	vc.cpp	UpdatePriority()
hop_count	f－>hops	vc.cpp	AddFlit()
sequence	max()－_packet_seq_no	trafficmanager.cpp	_GeneratePacket()

上述信息中，class、age、sequence 等在数据包产生时确定，数据包转发过程中不会更新，而 network_age、local_age、queue_length、hop_count 等信息则在数据转发过程中动态更新。若 Booksim 使用者有新的优先级信息需求，可依据其是否需要在数据转发过程中动态更新，参考表 7.1 确定信息更新的位置，并改写代码。

7.5 优化技术

7.5.1 前瞻路由技术 Lookahead

根据 7.3.2 节关于路由器的流水线操作流程，头微片在转发前需要先经过 RC、VA、SA 三级流水线操作，这使得体微片在缓存中至少需等待两个时钟周期。当通信负荷较小，网络不产生拥塞时，这一流水线操作带来了不可忽略的传输延迟。在前瞻性路由技术下，每一跳路由器的路由计算操作依然存在，但计算的是传输路径上下一跳的路由转发端口，该结果随数据包头微片一起转发至下一跳。因此，对于每一个路由器，当其接收到头微片后，直接读出路由转发端口，依次进入 VA、SA、ST 流水操作。四级流水线就可以压缩为图 7.14 所示的三级流水线。

头微片	NRC VA	SA	ST			
体微片1			SA	ST		
体微片2				SA	ST	
尾微片					SA	ST
时钟	1	2	3	4	5	6

图 7.14　前瞻路由技术下的三级流水线

Booksim 中已经实现了前瞻性路由技术，通过微片描述中的 la_route_set 字段存储下一跳的路由信息。当配置参数“路由延时”(routing_delay) 设置为 0 时，Booksim 将使用前瞻性路由技术，路由计算后将下一跳路由信息存储在 la_route_set 字段中，否则该字段设置为空。

7.5.2　流水推断技术 Speculation

流水推断技术 Speculation 是降低流水线延时的另一种技术,基于对前一级流水操作结果的推测,将后一级流水操作与前一级操作合并在一个周期内完成。Booksim 中使用流水推断技术可通过将"speculative"属性设置为非零值,使用 Specculation 技术下的流水线操作,如图 7.15 所示。

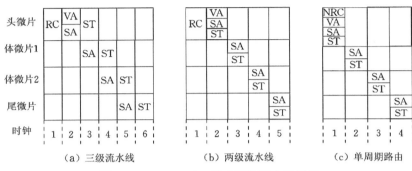

图 7.15　Specculation 技术下的流水线操作

在图 7.15(a)所示的 RC-VA/SA-ST 三级流水线下,VA 和 SA 并行完成,即推测虚通道分配成功,直接进行开关分配。若虚通道分配和开关分配均成功,则直接进行 ST 操作;若虚通道分配不成功,则流水线停顿,并在下个周期内进行 VA 和 SA;若虚通道分配成功,而开关分配不成功,则下个周期内进行开关分配。在图 7.15(b)所示的 RC-VA/SA/ST 两级流水线下,VA、SA 和 ST 可并行完成。图 7.15(c)展示了将前瞻路由技术与流水推断技术结合构成单周期路由,从而将路由器流水线架构带来的延迟降到了最低。

流水推断技术能够很好地适应通信负荷的变化。当通信负荷较小时,由于资源争用的情况较少发生,Speculation 技术失败的概率较低,多个流水线操作并行执行,极大压缩了流水线带来的通信延时;而当通信负荷较大时,资源分配极大概率会出现冲突,在极端情况下,Speculation 技术下的所有推断失败,流水操作将退化为图 7.7 所示的原始状态,但由于通信负荷较大,通信拥塞带来的延时远高于流水线架构带来的延时。

7.6　本章小结

本章对片上网络仿真环境 Booksim 的安装、编译和使用方法进行了介绍,并结合代码分析了 Booksim 的程序结构和事件驱动模型。与 Noxim 相同,Booksim 也是周期精确的仿真环境,主要区别在于 Booksim 采用了四级流水线结构,体现的路由微结构细节更加丰富。同时,Booksim 中没有抽象垂直互连模型,由于在 TSV 中传输一跳和在水平互连传输一跳的能耗是不同的,直接将 Booksim 中的节点布局在不同层进行 3D NoC 的仿真是不准确的。此外,Booksim 集成了丰富的分配策略和仲裁策略,有利于实现不同的通信质量管理。

7.7 参 考 文 献

[7.1] Jiang N, Becker D U, Michelogiannakis G, et al. A detailed and flexible cycle-accurate network-on-chip simulator[C]//Proceedings of the 2013 IEEE International Symposium on Performance Analysis of Systems and Software. Austin: IEEE Computer Society, 2013: 86-96.

第8章　片上网络的通信质量保障机制

8.1　QoS 保障机制概述

8.1.1　设计问题

虽然与总线互连技术相比,基于片上网络的互连技术可以在一定程度上隔离信息流,但互连链路仍是所有节点通信的共享资源。当数以千计的 IP 核并发众多通信流争用同一通信路径时,会导致严重的带宽竞争,分布式的仲裁机制使网络行为与运行在 IP 核之上的应用程序的性能出现不可预测性[8.1]。超大规模众核系统对于 NoC 在延迟容限、传输抖动、可用带宽等多个方面的服务质量都提出了更高的要求[8.2]。

在特定架构下,不同特征的资源节点产生的数据流的通信需求是不同的。例如,在新型的异构众核智能芯片中,可能同时集成 GPU 核、CPU 核与 AI 核,它们具有不同的通信需求,共享互连网络必然会导致不同核间通信性能的相互干扰。GPU 核与 CPU 核中的运算单元主要通过存储架构获取数据,CPU 核的并发线程数远小于 GPU 核,而 GPU 核的访存命中率远低于 CPU 核。因此,CPU 核的访存带宽需求小而延时敏感性高,GPU 核的访存数据密集但可以容忍一定的通信延时。专用的 AI 核则具有较高的访存带宽需求,且通常不支持指令并行或线程并行机制,当数据不能及时送达处理单元时,计算操作将停顿,因此具有较强的延时敏感性。即使在同构众核处理器中,不同应用下产生的数据流的通信需求也可能不同。按通信需求对数据流进行分类,资源分配时赋予不同的服务等级,可以更加有效地利用互连网络中的争用资源。

在众核片上互连网络中,令特定数据流 flow_{ij} 的最小吞吐率和最大延时分别为 r_{ij} 和 l_{ij},则其在 NoC 中的 QoS 保障需求可以描述如下:

（1）最小吞吐率保障。无论其他数据流如何竞争带宽,都能保证 flow_{ij} 至少以速率 r_{ij} 发送数据包。

（2）最大延时保障。在任务实时运行时,数据包传送的实际延时不大于设计阶段预先计算的延时 l_{ij};

（3）吞吐率分配的公平性。在任务运行时,通过轮流服务或区分服务使得各个数据流获得的实际数据速率与它们各自需求的数据速率成比例。

（4）较高的资源利用率。当一个数据流不使用其预约的带宽时，允许其他数据流使用空闲带宽，以提高系统的通信性能。

（5）较低的硬件复杂度。尽可能降低 QoS 保障机制额外引入的硬件开销。

8.1.2 相关工作

已有的片上网络服务类型大致可分为尽力而为型、差别型与保障型 3 类。尽力而为型服务机制着眼于互连架构整体性能的提升，而忽略个体流的通信需求，导致运行在处理器核之上的应用程序性能出现不可预测性。差别型服务机制与保障型服务机制则可实现对特定数据流通信质量的控制。相关研究工作如表 8.1 所示。

表 8.1　片上网络通信质量控制机制相关研究

研究工作	差别服务	保障服务	作用环节		资源调度粒度		带宽保障	延时保障
			路由组件	端到端	基于速率	基于帧		
Latency Criticality[8.3]	√							
Diff Services[8.4]	√							
SLT[8.5]	√							
Age-Based[8.6]		√		√	√			√
PVC[8.7]		√	√				√	√
MANGO[8.8]		√	√			√	√	
Æthereal[8.9]		√	√			√	√	
Nostrum[8.10]		√				√	√	
GSF[8.11]		√		√			√	
LOFT[8.12]		√	√			√	√	
Swizzle Switch[8.13]		√	√		√		√	
WCTA[8.14]		√		√				√
DGSC[8.15]		√	√					√
Kilo-NoC[8.16]		√			√		√	
QoS-ONoC[8.17]		√		√		√	√	

差别型服务[8.3-8.5]根据任务需求或消息类型为数据包赋予不同的优先级，并使用基于优先级的调度策略来分配资源和处理冲突，路由器常通过增加旁路通道或物理信道复制来实现对优先权的支持。而保障型服务[8.6-8.17]从数据流的通信需求出发进

行通信资源调度,以满足个体流的最小吞吐率需求与最大延时约束或保障吞吐率分配的公平性。与差别型服务相比,保障型服务具有更细的保障粒度。

按照服务质量控制机制的作用环节,保障型服务机制可以分为基于路由组件控制的 QoS 机制[8.7-8.10,8.12,8.13,8.17]与基于端到端控制[8.6,8.11,8.14,8.15,8.17]的 QoS 机制,前者通过每个路由节点的资源调度逻辑实现服务保障,而后者则通过定义数据收发端之间所有路由组件的通信行为实现 QoS 保障。按资源调度粒度划分,已有工作可以分为基于速率的保障机制[8.6,8.7,8.13,8.16]与基于帧划分的保障机制[8.8-8.12,8.17],前者基于数据流的类别、到达时间或预约带宽确定其被转发的先后顺序,而后者则通过将时间帧内的服务时隙按数据流的带宽需求进行等比例分配来实现带宽保障。

一般而言,基于速率的通信质量控制机制能够实现较细的保障粒度,但常需要为每个数据流配置一个服务队列,当片上网络规模较大时,会带来很高的硬件开销。相比之下,基于帧的通信质量控制机制的保障粒度较粗,但仅需为每个帧配置服务队列,因此硬件开销较低。早期的相关工作,如 MANGO[8.8]、Æthereal[8.9]、Nostrum[8.10]等,沿数据传输路径对路由缓冲或服务时隙进行预约,以形成分离网络,对数据流进行性能隔离,从而实现单个数据流带宽保障与延时保障。不过,其虚电路数据交换模式使得互连链路的通信资源利用率降低。针对这两种不同类型的通信质量控制机制,业界分别提出了优化方案,即 PVC[8.7]、GSF[8.11]与 LOFT[8.12]等保障服务机制,但其可扩展性有限,在众核互连规模下仍存在硬件开销与整体性能损失的问题。

此外,也有文献从其他角度研究了片上网络 QoS 保障机制的低开销实现问题,如文献[8.16]面向千核级片上网络提出了拓扑感知 QoS 架构,将共享资源(如存储控制器)整合在网络的某个区域,仅为共享资源的子网提供 PVC 服务保障机制,因此该种机制缺乏通用性;文献[8.13]与文献[8.17]分别在基于电互连与光互连的全局交叉开关中引入通信质量控制机制,以解决片上网络分布式仲裁机制与 QoS 依赖于通信资源的全局争用信息之间的矛盾。然而,无论是基于电连接还是基于光连接,全局交叉开关本身的可扩展性都非常有限;文献[8.14]与文献[8.15]基于最差延时分析,在不需要引入额外硬件的情况下,通过控制数据流的注入率来满足其最大延时约束,但可能导致网络资源利用率降低。

8.1.3　技术演进

片上网络中导致单个数据流通信需求无法得到保障的主要原因是,众多数据流共享通信信道形成了性能干扰,基于连接的虚电路或时分复用技术,是早期片上网络提供 QoS 保障的常见方法,这些方法通过在数据传输路径上对路由缓冲或服务时隙进行预约,以形成分离网络对数据流进行性能隔离,如 MANGO[8.8]、Æthereal[8.9]、Nostrum[8.10]等。MANGO[8.8]将虚通道划分为两类,分别用于保障型服务与尽力而为型服务。保障型服务通过预约数据流传输路径上的虚通道实现,因此能够保障服务的并发数据流的个数受到用于保障服务的虚通道个数的约束,当需要对众多数据流进行 QoS 保障服务时,可能带来较大的硬件开销。Æthereal[8.9]提供基于连接的保障服务,每个数据流通过电路交换机制建立通信信道后再发送有效负荷,超过其预约时间份额时,即使网络空闲也不能发送额外的数据包,从而导致通信链路利用率较低。Nostrum[8.10]基于时分复用技术,在设计阶段建立虚电路实现带宽分配,程序运行时只有带宽是可重构的,因此只适用于面向特定应用的片上系统。可见,上述基于连接的虚电路技术或时分复用技术易导致带宽利用率不足或通信开销较大的问题。

为了解决基于连接的 QoS 保障机制存在的问题,近年来,业界尝试基于非连接的虫孔交换技术实现性能保障,如 GSF[8.11]、LOFT[8.12]、PVC[8.7]。全局同步帧(globally synchronized frame,GSF)机制将时间划分为帧,每个数据流预约帧内的一部分时隙注入数据流,允许数据流透支带宽份额以更好地支持数据流的突发性,由于无须预约虚通道,因此与基于连接的 QoS 保障机制相比,GSF 具有较低的复杂度与较好的可扩展性。GSF 将路由器中的调度逻辑转移至源节点以减少路由器的面积和功耗开销,但在网络规模较大时,GSF 需要较长的帧长才能抵消全局同步带来的延时,从而导致信源缓冲区增大。

针对 GSF 中存在的问题,文献[8.12]提出了一种基于本地同步帧(locally synchronized frame,LSF)的保障服务机制,其将资源调度逻辑从源节点转移至了路由节点,尽管消除了源缓冲区,但路由器中的输入缓冲在 64 节点拓扑规模下,与 GSF 相比增加了 9 倍,网络规模更大时可能需要更大的输入缓冲空间。文献[8.7]提出了一种抢占虚拟时钟(preemptive virtual clock,PVC)机制,该机制基于虚拟时钟算法,为每个数据流分配优先级,当发生优先级反转时,采用丢弃与重传机制进行带宽保障,虽避免了使用较大的源缓冲区,但在保障强度与网络吞吐率之间存在设计矛盾。同时 PVC 需要在每个路由器中为每个数据流设置状态寄存器,其硬件开销可能会随着片上网络规模的增大而增大。

综上,已有的 QoS 保障机制为了实现单个数据流的通信保障,多以个体流作为流控对象,这将使得控制复杂度随着众核系统中通信流的增加而增大,从而导致可扩展性变差,在大规模片上网络中可能带来较大的面积开销和性能损失。提高通信资源利用率及降低保障服务的额外硬件开销,仍是片上网络 QoS 保障机制的主要设计问题。

此外,QoS 保障机制基于片上网络中个体流的通信需求,与网络通信节点之间的服务竞争密切相关,通过在线性能分析获取通信节点的服务争用情形,并调整

QoS 的管理行为,可以使通用硬件架构适应不同通信负荷下差异的通信需求。已有的通信需求学习机制多面向基于连接的 QoS 保障机制,例如,文献[8.18]提出的 Star-Wheels NoC,基于在线性能监测,在电路交换技术与包交换技术之间进行动态切换,以避免长期等待阻塞的电路连接,满足最差通信延时约束。文献[8.19]面向软实时应用,基于延时超值限统计,建立及释放电路连接,并动态更新数据流的服务优先级。文献[8.20]通过监测网络接口中的 FIFO 缓冲以充分利用 TDM NoC 中所分配的时隙。FIFO 溢出或清空事件会触发 FIFO 缓冲大小的重新分配,并在几种离线计算的 TDM 时隙分配表间切换。已有的研究多基于传统虚电路或时分复用技术进行被动式 QoS 管理,即通过流量及延时统计,分析是否满足数据流的带宽要求和延时要求,当不满足数据流服务需求时对互连网络进行自适应调整,此时已经产生了性能损失。事实上,在基于片上网络的多跳通信中,数据流所获得的实际带宽取决于通信链路中的最拥塞链路。通过主动的流特征学习机制获得全网带宽瓶颈,并作为 QoS 保障机制的执行依据,有可能获得更好的 QoS 管理性能。

8.2　基于帧的 QoS 保障机制

8.2.1　全局同步帧机制

GSF 的设计目标是在多跳互连网络中,以有限的路由器硬件开销,为数据流提供最小的带宽保障及最大网络延时约束。在 GSF 机制下,将时间粗略地划分为帧,每个数据包在源节点发送时会标记帧号。在数据转发的过程中,注入网络最早帧中的数据包将被赋予最高优先级。在源节点,不允许再向最早帧内插入新的数据,因此需要一个全局的辅助网络,来确定网络中属于最早帧的数据均已传递到目的节点,以确定何时可以向网络中注入新帧。通过这一方式可以约束数据流注入网络中的速率,避免侵占其他数据流的带宽。图 8.1 描述了 GSF 的数据注入过程和路由器对帧的处理方法。

数据注入采用了类似 TCP 的滑动窗口协议,允许在滑动窗口内的数据注入网络,具体过程如下:首先令首帧指针 HF_i 指向 0,当前时间帧内可注入的微片数 C_i 设置为帧的大小 F,当前帧指针 IF_i 设置为 0。若当前时间帧内可注入的微片数 C_i 大于 0,则向网络注入一个包,同时 C_i 减去包长。当 C_i 第一次为负时,需要判断是否还可向网络内注入新帧,依据是当前注入的帧数是否达到了允许注入网络的最大帧数 W。注入网络的帧数达到 W 的直接表现就是,当前帧号加 1 后对 W 取模的结果与首帧指针 HF_i 是相同的。若可继续注入网络,则当前时间帧内可注入的微片数 C_i 增加一个帧的大小 F,然后将帧号加 1 并对 W 取模,这样可以保证帧号是有限的($0 \sim W-1$)。

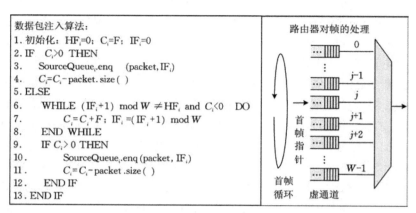

图 8.1　GSF 的数据注入过程和路由器对帧的处理

对于路由器，为每个数据帧分配一个虚通道，允许注入网络的帧数决定了虚通道的数目。最先发送到网络中的帧称为首帧，具有最高优先级，这样可以保证注入网络的数据依次被路由器转发，从而可以将通信延迟约束在一定范围内。当首帧的数据全部从网络中移除后（即源缓冲区和路由缓冲区均不包含首帧数据包），首帧指针更新至下一帧，在动态更新首帧的同时，系统允许节点向网络中注入更多数据。由于首帧的约束，节点 i 允许同时注入网络中的微片数为 $W \times C_i$，C_i 取决于节点 i 所需要的带宽。

数据帧和虚通道之间的静态映射会导致路由缓冲区的利用率极低。提高缓冲区利用率的方法是允许虚通道在各个数据帧之间共享，即任意虚通道可以存放任意帧中的数据，数据包在发送前携带所述帧号，在路由转发过程中将帧号作为优先级。为了保证路由器任何时候都有空间接收上游路由器转发的首帧数据并快速转发至下游路由器，可在每个路由器中设置一个额外的虚通道专门存放首帧数据。

8.2.2　局部同步帧机制

局部同步帧机制与全局同步帧机制的理念相似，都采用了类似"滑动帧窗口"的技术。不同的是，LSF 和 GSF 进行帧管理的位置不同。GSF 是在数据发送源端将时间划分为帧，将整个网络视为一个复用器，通过辅助网络同步各个源节点的窗口滑动过程。这导致在 GSF 机制下，存在带宽利用率不足的问题，因此需要一个较大的源缓冲区来提升性能。而在 LSF 机制下，各个路由器的输出端口均实现时间帧管理，因此其主要的硬件开销发生在各个路由器上。实现 LSF 的路由结构如图 8.2 所示。

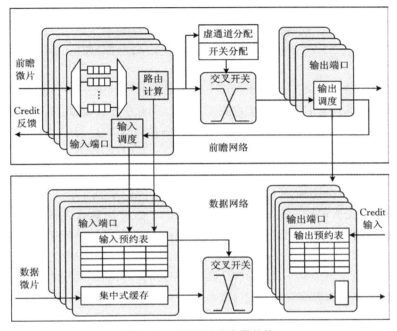

图 8.2　LSF 下的路由器结构

为了实现本地的时间帧管理,LSF 互连网络中包含一个前瞻网络和一个数据网络。前瞻网络中路由器与传统的输入缓存路由器结构十分相似,执行 RC-VA-SA-ST 流水线操作,每个输入或输出端口都配置一个输入或输出调度器。输出调度器确定了数据包向下一跳路由器转发的时间,而输入调度器用于数据网络中输入缓存器的空间分配。数据网络中的输入端口和输出端口分别配置一个输入预约表和一个输出预约表,用于保存预约结果,该结果是数据微片转发的依据。数据网络中缓存器采用集中式缓存,而非划分为几个虚通道。

调度器确定数据包向下一跳路由器转发的基本过程如下:

(1) 前瞻微片到达路由器,数据微片的信息写入输入预约表,并为其分配输入缓存。

(2) 前瞻微片转发至路由器的输出端口,过程与典型输入缓存路由器相同。

(3) 前瞻微片在输出端口时,输出调度器尝试为数据微片分配最早的转发时间,在该时缝内输出端口是空闲的,且可用的 Credit 数是正值。若调度成功,则将结果写入输出预约表。

(4) 输出调度结果反馈给输入调度器,更新数据微片的输出端口和离开时间。输入调度器将可用的 Credit 数反馈给上一跳路由器。

（5）数据微片到达后，输入调度器直接将其存储至所分配的缓存空间中。

8.3 基于速率的 QoS 保障机制

抢占虚拟时钟（preemptive virtual clock，PVC）机制是一种典型的基于速率的 QoS 保障机制，其设计目标是简化网络管理，灵活地为每个核、应用或数据流提供带宽分配，而与实际的微处理器核的数量或线程的数量无关。同时，降低网络延时，并减小面积开销和能耗开销。

PVC 保障机制之下，每个数据流分配一个服务速率，代表在一个时间间隔内预约的网络带宽。每个路由器基于分配的速率和实际的带宽消耗为数据包分配优先级，具有最高优先级的数据包将被优先转发。由于数据流的优先级基于对带宽的历史使用情况确定，超过预约带宽的数据流有可能在后续服务过程中被饿死。为了降低历史累积效应，PVC 引入了一种简单的帧划分策略，当时间帧结束后，所有数据流的带宽计数器都复位为 0。因此，PVC 在一个时间帧内提供带宽和延时保障，但在一个帧内基于速率进行仲裁。

PVC 机制下的数据流可随时使用空闲网络带宽，仅需要管理一个有效的时间帧，无须采用类似 GSF 和 LSF 中的"滑动窗口"。数据包的注入不受时间帧的约束，可以在一个时间帧内注入网络，并在其他时间帧内到达目的节点。为了减小路由器的开销，PVC 没有为每个数据流分配一个虚通道。因此，过度使用带宽的数据流可能会堵塞带宽利用率不足的数据流，导致出现优先级反转。

当出现优先级反转时，PVC 将丢弃低优先级的数据包，为高优先级的数据流提供服务。因此，数据包需要在源缓冲区保留一段时间，以便重传。当目的节点收到数据包后，向源节点反馈确认信息，数据包在源缓冲区移除；当路由节点丢弃数据包时，向源节点反馈丢弃信息，源节点重传数据包。

PVC 的主要问题是：当网络负荷较重时，出现优先级反转的频率极高，数据包频繁丢弃和重传会使网络吞吐率降低。PVC 采用了 3 项措施来修正上述问题：

（1）若数据流并没有额外占用带宽，即在特定的时间帧内所发送的微片数没有超过分配值时，不界定为优先级反转。

（2）通过粗粒度掩码屏蔽带宽计数器的低位，降低优先级的粒度，以降低公平性为代价，降低优先权反转的概率。

（3）数据包丢弃和重传会使得其所消耗带宽的计数器值不断增加，数据包在源节点反复重传时优先级不断降低，但数据包并未真正传输到目的节点。因此，当数据包在某个路由节点被丢弃，重传反馈的同时携带有该数据包已经传输的跳数。再次传输时，沿路径将各路由器对该数据流虚标的带宽消耗减去。

8.4　Booksim 中 QoS 机制的仿真方法

8.4.1　优先权仲裁的实现

基于前述内容,在大多数 QoS 机制下,数据流会被赋予不同的优先级,在路由器转发数据时基于优先级进行仲裁。Booksim 中可以通过两种方法实现基于优先权仲裁:一是将分配器类型(alloc_type)设置为 selalloc 类型,其中内嵌了优先权仲裁;二是将分配器类型(alloc_type)设置为 separable_input_first 和 separable_output_first,将仲裁器类型(arb_type)设置为 priority。尽管在 Booksim 中实现了优先权仲裁器(pri_arb.cpp),但在 Arbiter 类的 NewArbiter()函数中并没有检查"priority"项和创建 PriorityArbiter 的实例。仅设置 arb_type 为"priority"会在仿真时报错,此时可在 NewArbiter()函数中增加一个 if 分支,将 PriorityArbiter 集成至仲裁器的创建中。

优先权仲裁实现的另一个问题是采用何种信息作为优先权判定的依据。Booksim 中已经集成了 7 个不同的选项,即 class、age、network_age、local_age、queue_length、hop_count、sequence,它们在源节点发送数据前确定路由。转发过程中的动态更新,具体可以参考表 7.1。若上述已有的 7 个选项均不能满足验证要求,则需要修改代码,以增加对新的优先权类别的支持,依据其是否需要在数据转发过程中动态更新,选择代码修改的位置。

8.4.2　辅助子网的实现

为了实现通信质量管理,许多 QoS 机制会引入一个辅助网络来传递额外的信息。例如,LSF 中需要一个辅助网络传输前瞻信息实现资源分配,而数据网络通过查询分配结果,直接完成数据转发。GSF 中需要一个辅助网络传输时间帧窗口的同步信息。PVC 中则需要一个辅助子网传递确认和数据包丢弃的信息。基于虚电路服务的机制需要辅助网络传输建链与拆链的信息。

Booksim 中支持构建多个物理子网,但默认情况下,各个物理子网是同构的。辅助子网相比于数据子网而言,通常是轻量级,数据负荷小,常要求有较小的延迟。因此,在构建有辅助子网的片上网络时,需要对原有的代码进行修改。

(1) 对于某些 QoS 机制,辅助子网传递的参数较为简单,如 GSF。辅助子网用于时间帧窗口滑动的同步,传递的是路由器输入缓存和节点的源缓存区中是否还有待转发的头帧信息。由于信息结构简单,一旦所有的头帧信息全部到达目的节点,很快就会通过辅助子网快速同步至每个节点。同步的时间小于头帧信息逐步从网络中排出的时间,因此,在仿真过程中,可以忽略同步时间,直接将头帧状态信息存储于一个全局数组中。

(2)对于某些 QoS 机制,辅助子网的工作机理较为复杂,而数据子网相对简单,如 LSF。辅助子网采用典型的流水线架构进行资源调度,分配结果存储在预约表中,数据子网只需依据预存结果直接完成数据转发。因此,辅助子网可采用 NRC-VA-SA-ST 流水结构,用于接收和处理前瞻微片。而数据子网由于发生冲突的概率极小,可通过 Lookahead 和 Speculation 技术,将路由器设置为单周期流水线,以快速实现数据转发。

(3)对于某些 QoS 机制,辅助子网结构简单,而数据子网较为复杂,如 PVC。辅助子网用于传输确认信息和丢包信息,数据负荷极小,而数据子网资源争用较激烈。因此,数据子网可采用 NRC-VA-SA-ST 流水结构,辅助子网可采用 Lookahead 和 Speculation 技术,将反馈信息快速回传给源节点。

8.4.3 数据的注入与结果的统计

一般而言,通信负荷较轻时出现资源争用的概率较低,而 QoS 工作在通信负荷较重的情形。因此,仿真验证时需要将节点的流量注入率设置得足够大,以网络饱和态模拟多个数据流争用共享通信资源的场景。热点流量模型(Hotspot)下,所有源节点同时向一个或几个目的节点发送数据包,与多核片上系统中访存控制器的通信场景十分类似,也更容易构造出带宽瓶颈。QoS 机制的最小保障粒度通常是单个数据的通信需求,因此数据流通信的源节点、目的节点及其通信路径一般是固定的,仿真验证时最好选择确定性路由。

具体的注入方法与需要统计的仿真数据依赖于所验证的是哪个方面的 QoS 保障需求。对于 8.1.1 节所述的几个保障需求,基本方法如下:

(1)最小吞吐率保障。设置一个或几个带宽保障型数据流,其余为不需要带宽保障的数据流。将非带宽保障的数据流的注入率逐步增大,直至网络饱和。观察带宽保障型数据流实际注入率的波动情况,检查是否可以保障速率发送数据包。

(2)最大延时保障。将所有节点的数据流的注入率逐步增大,直至网络饱和。观察整个网络内数据包的最大延时的波动情况,检查数据包传送的实际延时是否小于或等于设计阶段预先计算的延时。

(3)吞吐率分配的公平性。设置一个基本的数据注入率,所有节点的数据注入率是基本注入率的整数倍。将基本的数据注入率逐步增大,直至网络饱和。观察各个数据流获得的实际数据速率与它们各自需求的数据速率是否成比例。

(4)较高的资源利用率。数据注入方法同(3),将数据注入率逐步增大,直至网络饱和,记录不同机制下的网络饱和吞吐率,饱和吞吐率越大,资源利用率越高。

8.5　GSF 和 iSLIP 的对比仿真

8.5.1　仿真参数设置

iSLIP 采用 Round Robin 仲裁器,提供尽力而为型服务,这在 Booksim 中已有实现;GSF 基于时间帧划分提供保障型服务,这在 Booksim 中没有实现。虽然原始文献提供了特定方案下的实验数据,但不同文献中的实验是在不同仿真参数下完成的。若要将不同方案进行对比,最好在相同仿真环境下实现,并设置为相同的仿真参数,以确保对比的公平性。本节所进行的对比实验中,有关 Booksim 仿真环境的设置如表 8.2 所示。

表 8.2　仿真参数设置

参数名	参数值
拓扑结构	2D Mesh
拓扑规模	$8\times8,16\times16$
路由算法	XY 维序路由
流量模型	Hotspot、Random
数据包长度	4 Flits
路由架构	VA/NRC-SA-ST 三级流水线结构
虚通道	6 VCs/Port
缓冲深度	5 Flits
微片位宽	16 Bytes

其中,拓扑结构为 8×8 的 2D Mesh 及 16×16 的 2D Mesh,并采用 XY 维序路由。路由器架构采用 VA/NRC-SA-ST 三级流水线结构,每个输入端口有 6 个虚通道,缓冲深度为 5 个 Flits。每个数据包长 4 个 Flits,每个 Flits 的位宽为 16 Bytes。服务的公平性在热点流量模型 Hotspot 下进行,以模拟带宽高度争用的情形;保障机制下 NoC 通信性能的仿真在随机流量 Random 模型下进行,以评估个体流带宽保障带来的 NoC 整体性能损失。

8.5.2　服务公平性

本节在热点流量模型(所有数据通信均以节点 0 为目的节点)下验证 GSF 及

iSLIP 在等额带宽分配与差额带宽分配下的公平性。图 8.3 与图 8.4 分别展示了网络处于饱和状态时，iSLIP 与 GSF 资源调度机制在等额带宽分配下各节点的实际吞吐率。

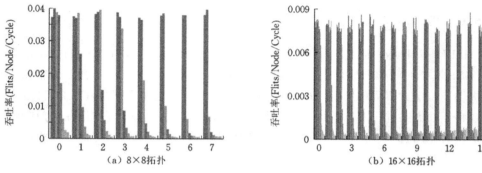

图 8.3　iSLIP 在等额带宽分配下各节点的实际吞吐率

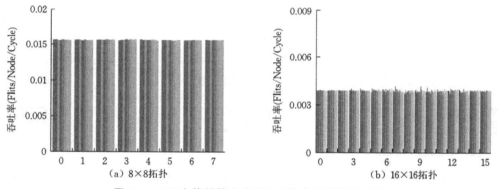

图 8.4　GSF 在等额带宽分配下各节点的实际吞吐率

由图 8.3 可知，iSLIP 在 8×8 拓扑规模及 16×16 拓扑规模下，均无法保障节点间的均衡服务，各节点实际发送的数据包存在较大差异，靠近热点(0,0)的节点由于通信距离较近，经过的资源争用环节较少，因此具有较高的吞吐率；而远离热点(0,0)的节点，其吞吐率较低。相反，在图 8.4 中，GSF 在 8×8 拓扑规模及 16×16 拓扑规模下，均能保障节点间的均衡服务。

为了进行定量说明，表 8.3 给出了 iSLIP 与 GSF 两种调度机制在等额带宽分配下的最大节点吞吐率(MAX)、最小节点吞吐率(MIN)及网络内节点吞吐率的标准偏差(STD_DEV)，最大节点吞吐率与最小节点吞吐率的单位为 Flits/Node/Cycle。GSF 在 8×8 拓扑与 16×16 拓扑下的节点吞吐率标准偏差分别为 0.7473% 与 0.613%。

表 8.3　不同调度机制下服务公平性的定量对比

拓扑规模	调度机制	MAX	MIN	STD_DEV
8×8 mesh	iSLIP	0.0406	0.0005	109.8%
	GSF	0.0157	0.0153	0.7473%
16×16mesh	iSLIP	0.0088	0.0002	87.7%
	GSF	0.0040	0.0038	0.613%

　　本节对 GSF 在差额带宽分配下的服务公平性进行了验证,在 64 节点拓扑规模下构造了两种不同的差额带宽分配模式。在差额带宽分配模式♯1 中,将 64 节点划分为两个服务需求区域,带宽需求比率为 1∶2;而在差额带宽分配模式♯2 中,将 64 节点划分为 4 个服务需求区域,带宽需求比率为 1∶2∶3∶4。两种差额带宽分配模式下,网络内各节点的吞吐率如图 8.5 所示。可见,在差额带宽分配下,GSF 可以按照节点各自的带宽需求进行资源调度。

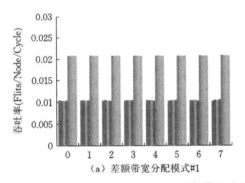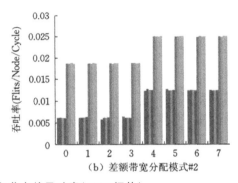

图 8.5　GSF 在差额带宽分配下各节点的吞吐率(8×8 拓扑)

8.5.3　性能对比

　　保障型服务着眼于单个数据流通信服务的质量,与尽力而为型服务相比,保障型服务会带来互连网络整体性能的损失。本节在 Random 流量模型下对 iSLIP 和 GSF 两种不同的资源调度机制的平均延时进行了对比。由于 GSF 资源调度机制的延时性能与帧的大小密切相关,实验时在 8×8 拓扑规模及 16×16 拓扑规模下分别设置了两种不同的帧大小:8×8拓扑规模下设置为 0.5K Flits 与 2K Flits;16×16 拓扑规模下设置为 1K Flits 与 4K Flits。仿真结果如图 8.6 所示。

　　仿真结果表明,与尽力而为型资源调度机制 iSLIP 相比,两种 GSF 在不同程度上出现了性能退化,表现为饱和注入率的降低及平均延时的增加。在 8×8 拓扑规模下，iSLIP、GSF_0.5K 及 GSF_2K 在 100 Cycles 平均延时下对应的注入率分别为 0.4、0.14、0.26；在 16×16 拓扑规模下，iSLIP、GSF_0.5K 及 GSF_2K 在 100 Cycles 平均延时下对应的注入率分别为 0.21、0.08、0.12。

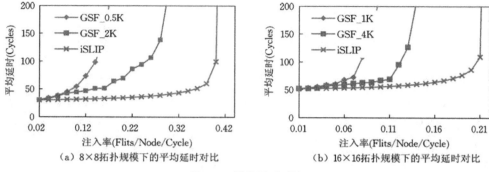

（a）8×8拓扑规模下的平均延时对比　　（b）16×16拓扑规模下的平均延时对比

图 8.6　平均延时对比

8.6　本章小结

　　本章对片上网络中通信质量管理的需求和现有实现技术进行了综合评述，并介绍了基于 Booksim 实现通信质量管理的基本思路。从系统的整体性能看，以最大化资源的利用率为目标；而从通信质量管理的角度出发，则以公平地为个体流提供服务为目标。在某种程度上，两个目标不可兼得。即通信质量管理机制会带来系统整体性能上的损失。设计者的研究目标在于，在满足个体流服务需求的基础上，尽可能地提高通信资源的利用率。

8.7　参考文献

　　［8.1］Li B，Zhao L，Pehb L S，et al. CoQoS：Coordinating QoS-aware shared resources in NoC-based SoCs［J］.Journal of Parallel and Distributed Computing，2010，75（5）：700-713.

　　［8.2］Grot B，Hestness J，Keckler1 S W，et al. Kilo-NOC：A heterogeneous Network-on- Chip architecture for scalability and service suarantees［C］// Proceedings of the 38th Annual International Symposium on Computer Architecture.California：ACM，2011：402-412.

　　［8.3］Zheng L，Jie W，Li S，et al. Latency criticality aware on-chip communication［C］//Proceedings of the Design，Automation and Test in Europe

Conference and Exhibition.Nice：IEEE，2009：1052-1057.

[8.4] Carara E A，Calazans N LV，Moraes F G.Differentiated communication services for NoC-based MPSoCs[J].IEEE Transactions on Computers,2014,63(3)：595-608.

[8.5] Cai X，Yin J，Zhou P.An orchestrated NoC prioritization mechanism for heterogeneous CPU-GPU systems[J]. Integration-the VLSI Journal，2019，65：344-350.

[8.6] Abts D，Weisser D.Age-based packet arbitration in large-radix k-ary n-cubes[C]//Proceedings of the ACM/IEEE Conference on Supercomputing.Reno：ACM,2007：1-11.

[8.7] Grot B，Keckler S W，Mutlu O.Preemptive virtual clock：a flexible，efficient，and cost-effective QOS scheme for networks-on-chip[C]//Proceedings of the 42nd Annual IEEE/ACM International Symposium on Micro-architecture.New York：IEEE/ACM,2009：268-279.

[8.8] Bjerregaard T，Spars J.A router architecture for connection-oriented service guarantees in the MANGO clockless network-on-chip[C]//Proceedings of the Design，Automation & Test in Europe.Munich：IEEE Computer Society,2005：1226-1231.

[8.9] Goossens K，Dielissen J，Radulescu A. Æthereal network on chip：concepts，architectures，and implementations [J]. IEEE Design and Test of Computers,2005,22 (5)：414-421.

[8.10] Millberg M，Nilsson E，Thid R，et al.Guaranteed bandwidth using looped containers in temporally disjoint networks within the Nostrum network on chip[C]//Proceedings of the Conference on Design，Automation and Test in Europe.Paris：IEEE Computer Society,2004：890-895.

[8.11] Lee J W，Ng M C，Asanovic K. Globally-synchronized frames for guaranteed quality- of-service in on-chip networks[J].Journal of Parallel Distribute Computer.2012：72(11)：1401-1411.

[8.12] Ouyang J，Xie Y.LOFT：A high performance network-on-chip providing quality- of-service support [C]//Proceedings of the 43rd Annual IEEE/ACM International Symposium on Micro- architecture. Vancouver：IEEE Computer Society/ACM,2012：409-420.

[8.13] Abeyratne N，Jeloka S，Kang Y，et al.Quality-of-service for a high-radix switch [C]//Proceedings of the IEEE Design Automation Conference. San

Francisco:ACM/IEEE,2014:406-411.

[8.14] Rambo E A, Ernst R. Worst-case communication time analysis of networks-on-chip with shared virtual channels[C]//Proceedings of the 18th Design,Automation & Test in Europe Conference & Exhibition.Grenoble:EDAA/IEEE/ACM,2015:537-542.

[8.15] Munk P, Freier M, Richling J, et al. Dynamic guaranteed service communication on best-effort networks-on-chip[C]//Proceedings of the 18th 23rd Euromicro International Conference on Parallel, Distributed and Network-Based Processing.Turku:IEEE,2015:353-360.

[8.16] Grot B, Hestness, Keckler S W, et al. Kilo-NOC: a heterogeneous network-on-chip architecture for scalability and service guarantees[C]//Proceedings of the ACM International Symposium on Computer Architecture.New York:ACM,2011:401-412.

[8.17] Ouyang J,Xie Y.Enabling quality-of-service in nanophotonic network-on-chip[C]//Proceedings of the IEEE Design Automation Conference.New York:ACM,2011:351-356.

[8.18] Ruaro M,Carara E A,Moraes F G.Runtime adaptive circuit switching and flow priority in NoC-based MPSoCs[J].IEEE Transactions on Very Large Scale Integration Systems,2015,23(6):1077-1088.

[8.19] Diguet J P. Self-adaptive network on chips[C]//Proceedings of the Symposium on Integrated Circuits and Systems Design.Aracaju:IEEE,2014:1-6.

[8.20] Heisswolf J,Singh M,Kupper M, et al. Rerouting: Scalable NoC self-optimization by distributed hardware-based connection reallocation[C]//Proceedings of the International Conference on Reconfigurable Computing & FPGAs.Cancun:IEEE,2013:1-8.

第 9 章　硅光器件与光片上网络

9.1　硅　光　器　件

由第 1 章图 1.9 可以看出,片上光互连链路的最底层由硅光器件组成,包括激光源、调制器、滤波器、耦合器、探测器、波导等。硅光器件的主要挑战是容易产生制造缺陷,微小的工艺偏差或环境温度变化都可能引起器件特性的较大变化,特别是用于实现光偏转、光调制和光滤波的微环谐振器受工艺和环境温度的影响更大。能耗开销和面积开销也是片上集成硅光器件的重要因素。

9.1.1　激光源(Laser)

大部分激光源在制造时基于一个基本原理,即首先激发特定材料产生光,然后通过注入电荷等手段放大光功率,以补偿光信号在传输过程中的损失[9.1]。激光源有直接可调制激光源和片外可调制激光源两类。

直接可调制激光源可以布局于片上,通信过程中产生动态能耗。激光垂直腔面发射激光源(vertical cavity surface emitting laser,VCSEL)是典型的直接可调制激光源,产品良率较高,面积开销较小,能耗偏大,氧化物孔径可低至 $3.5\mu m$,25Gb/s 调制速率下的通信能耗约为 56fJ/bit[9.2]。与之相比,λ 尺度嵌入式有源区光子晶体激光源(lambda scale embedded active region photonic crystal laser,LEAP)在25Gb/s调制速率下的通信能耗可压缩至 10fJ/bit[9.3],被认为是最可能满足未来片上通信能耗约束的直接可调制激光源。

片外可调制激光源耦合至片上后进行数据调制,无论是否有数据传输,激光源都会持续打开产生静态能耗。若在不需要使用的时候关闭激光源,重新打开时会产生几百纳秒数量级的额外延时。片外可调制激光源的另一个缺点是其电光转换效率较低,大约是 20%[9.4]。由于调制器需要较高的驱动电压,产生的能耗偏大,大约在每比特皮焦量级,远高于 VCSEL 的能耗。

9.1.2　波导(Waveguide)

波导是光互连链路中的信道载体,它是通过用相对低折射率的材料(称为包层,

cladding)涂覆高折射率材料(称为主芯,core)制成的。这一结构有助于将光约束在高折射率的材料中而减少光逃逸。依据主芯和包层的相对位置关系,波导有脊状(rib)波导、条状波导(strip)和掩埋状波导(buried)3 种。其中,脊状波导的光功率损失最小。

信号在波导的传输过程中产生的光功率损失也称为插入损耗。除在传输过程衰减外,信号在以下环节也会产生较大的插入损耗:波导弯曲(bending)、波导交叉(crossing)、Y 型节点(Y junction)、有向耦合(directional coupler)以及片外波导到片内波导的连接器(tapper)。波导可以布局在不同层,通过光通孔(optical through silicon vias,OTSVs)[9.5]实现层间互连,这样的 3D 硅光集成技术可以减小波导交叉,从而降低信号的光功率损失和串扰。

9.1.3　微环谐振器(Microring)

微环谐振器常用于信号调制、信号偏转与信号滤波,由两根直波导和置于其间的环形波导构成,如图 9.1 所示。当信号与微环谐振时,信号从波导 1 耦合至波导 2;当信号与微环不谐振时,信号从波导 1 直接到达 Through 端口。

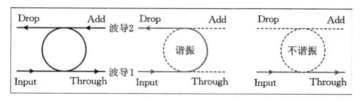

图 9.1　微环结构及其状态

微环谐振器通过注入电子或改变环境温度可以调节微环的折射率,从而改变微环的调谐状态,由此构成了有源微环和无源微环两种不同的类型。有源微环谐振器采用电调谐,对于有源微环构成的光片上网络,需要提前配置微环的调谐状态,再在光路中传输信号。无源微环谐振器采用热调谐,对于无源微环构成的光片上网络,通过将微环调谐于不同的波长,实现光信号的偏转。

9.1.4　光探测器

在片上光互连链路中,调制器实现电信号到光信号的转换,而接收器则实现光信号到电信号的转换,光探测器是实现光电转换的关键器件。光电转换灵敏度是光探测器的重要参数,它直接决定激光源需要以多大功率发射信号,以确保经光路衰减后,光探测器仍能识别光信号所携带的信息。除光探测器外,接收器中还需要有放大器和开关整形电路,以形成标准逻辑电路可识别的电信号。对于光片上网络架构设计者而言,不必实现一个具体的电光或光电接口单元,但需要了解它们的基本组成及延时和功耗特性,从而提高仿真验证的精确性。

9.2　光片上网络

9.2.1　有源光片上网络

　　有源光片上网络所采用的微环为电调谐微环谐振器,由于需要提前配置微环的调谐状态,常需要采用电路交换技术。所形成的片上网络由用于数据传输的光互连子网及用于建立光链路的平行电控子网组成,数据在注入光互连子网前,首先通过电控网络建立光路由器中的信号转向,波分复用技术常用于扩展通信位宽。电路交换技术使网络资源利用率下降,光链路的通信速度也受到限制。只有当传输的数据量较大时,才能抵消链路建立和释放带来的额外开销。

　　与基于电连接的片上网络拓扑相似,构建光片上网络拓扑的核心在于构建光路由器。光路由器设计需要重点考虑其非阻塞性、可扩展性、引入的插入损耗和串扰等因素。微环谐振器和 Mach-Zehnder 干涉器是构成光路由器的基本器件。图 9.2 是由微环谐振器构成的两种 5×5 非阻塞光路由器结构。

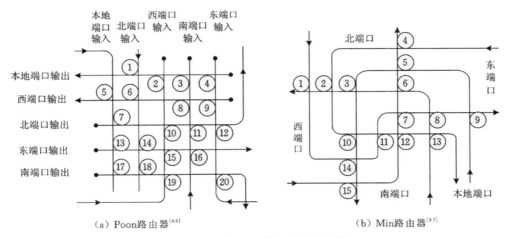

（a）Poon路由器[9.6]　　　　　（b）Min路由器[9.7]

图 9.2　两种 5×5 非阻塞光路由器

　　图 9.2(a)所示路由器中共使用了 20 个微环、10 条波导。其中 5 条横向波导与 5 个输出端口直接相连,5 条纵向波导与 5 个输入端口相连。当特定输入端口需要转发数据给特定输出端口时,将对应的纵、横波导交叉处的微环处于调谐状态即可。如东端口向北端口转发数据时,将 12 号微环打开。与之相比,图 9.2(b)中仅需要使用5 条波导,每个输入端口需要向 4 个输出端口转发,其中 1 个端口可通过波导直通,

另外 3 个输出端口则需要通过微环进行光路偏转,因此总共需要 15 个微环。尽管波导数量和微环数量减少了,但图 9.2(b)中出现了波导弯曲,每条波导穿过的微环个数由 4 个增加到 5 个,这些变化都会带来额外的插入损耗。

9.2.2　无源光片上网络

无源光片上网络采用带有加热器的微环谐振器,加热器用于控制微环的工作温度,使其稳定地对特定波长的光信号产生谐振。因此,无源光片上网络常采用静态波长路由技术,波导中的路由转向通过光信号与无源微环谐振器的波长谐振实现,波分复用技术不仅用于拓展通信位宽,还用于目的节点寻址。由于微环已经处于谐振状态,因此无须对中间节点的光互连资源进行预约,即可完成源节点、目的节点间的一跳通信,这更有利于发挥光互连的高速传输特性。

图 9.3 所示为基于波长分配的 5×5 光路由器,共用了 4 个不同波长的 16 个微环。表 9.1 给出了不同端口间进行数据转发时需要使用的波长。当输入端口 In_0 向输出端口 Out_4 转发数据时,可以选择波长为 λ_0 激光源调制信号。由表 9.1 可知,每个输入端口至少需要配置 4 个不同的调制器,分别调制不同波长的光信号。

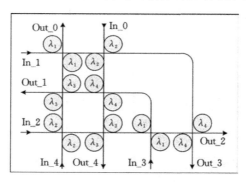

图 9.3　5×5 光路由器[9.8]

表 9.1　5×5 光路由器的波长分配

波长分配		输入端口				
		In_0	In_1	In_2	In_3	In_4
输出端口	Out_0	/	λ_1	λ_2	λ_3	λ_0
	Out_1	λ_1	/	λ_1	λ_0	λ_3
	Out_2	λ_4	λ_4	/	λ_1	λ_2
	Out_3	λ_2	λ_0	λ_4	/	λ_1
	Out_4	λ_0	λ_2	λ_3	λ_4	/

因此,与有源光片上网络相比,无源光 NoC 的主要问题在于需要提供多个不同波长的激光源。图 9.3 所示的路由器仅实现了 1 位的 5×5 光路由器,若需要更大规模的互连和更高的位宽,则需要更多的波长资源、更高的激光源驱动功率和更高的微环调谐功率。激光源驱动与微环调谐所产生的数据无关,静态通信功耗是无源光片上网络互连功耗的主要来源,且随着互连规模的扩大非线性增加。

9.3 无源光片上网络的功耗优化

基于无源微环的光片上网络的主要设计问题是微环调谐及激光源带来的静态功耗开销,随着工艺进步,在 20K 的温度变化范围内,微环调谐的功耗可以降低到 $5\mu W/Ring$ [9.9],未来研究的重心将转移至如何降低激光源功耗。传输路径上的最大插入损耗是激光源功耗的重要影响因素,并与特定拓扑结构下的网络直径密切相关。传输路径的插入损耗中占比较大的包括波导交叉损耗(0.05dB[9.10])、微环 Drop 损耗(1dB[9.11])、微环旁路损耗(0.001~0.01dB[9.11])及波导传输损耗(0.1dB/mm[9.12])。随着 3D 光互连技术[9.12]的出现,允许波导布局在不同层次以避免波导交叉,波导交叉损耗逐渐成为拓扑设计中考虑的次要因素,而微环的旁路损耗与波导传输损耗随着传输距离的增加而累加,网络直径较大时成为路径损耗的主要组成部分。现有的无源光片上网络功耗优化技术主要分为拓扑优化与激光源功耗管理两类。

9.3.1 拓扑优化技术

无源光片上网络的静态功耗首先与光互连链路的插入损耗密切相关,最大路径插入损耗越大,激光源功率消耗就越大。通过设计低直径的光互连网络,可以降低光链路的最大路径插入损耗。在由光总线构成的全局光交叉开关互连网络中,仅在源节点的光调制环节及目的节点的光滤波环节需要微环谐振器,但波导需要经过所有的光节点,因此插入损耗较大。

分组技术是降低网络直径的有效方法。即将网络内的节点划分成若干组,再分别实现组内与组间互连。QuT[9.13]、WANoC[9.14]、2D-HERT[9.15]、CWNoC[9.16] 及 Amon[9.17]等低功耗的全光片上网络常采用波长路由技术与分组技术降低网络直径。波长路由技术为每个目的节点分配唯一波长,传输路径中的光交换开关对特定波长的调制信号进行不同的偏转操作,因此光信号不必遍历所有的互连节点,从而降低网络直径。但载波波长资源通常有限,已有研究多允许波长复用以提高互连网络的可扩展性,即将相同的波长分给不同的节点。

OCMP[9.18]将 64 个光互连节点划分为 4 个分组,每个分组内及任意两个分组间的节点使用 Corona 拓扑实现互连,共形成 16 个互连子网。LumiNoC[9.19] 按行与列将互连节点分成若干行互连子网与列互连子网,每个子网采用多写多读(MWMR)总线实现互连,子网之间通过电路由器转发数据。QuT[9.13] 与 Amon[9.17] 将互连节点划分为 4 个组,组内的节点分配不同波长以进行寻址,相同波长允许在不同组内复用,不同组间的通信注入不同的信道以避免相同波长信号引起的通信干扰。由于采用了波长路由技术,其与 OCMP 相比具有较小的网络直径,与 LumiNoC 相比则无须在传输过程中进行光/电与电/光转换。分组网络中存在的共性问题是:每个节点具有两个以上信号注入端口,需要提供多重载波信号,而在非广播通信中,节点不可能将数据注入所有的信道,从而造成通信资源的浪费。同时,在已有的分组全光网络中,受拓扑的限制很难将分组拓展至 4 个以上,以对分组技术的设计空间进行深入探索。

数据网络中载波波长复用或目的节点接收器争用将引起对应的通信资源产生冲突,需构建控制网络实现共享资源的仲裁。不同的数据网络拓扑结构引入的资源争用点常存在差异,因此控制网络及其流控策略也不尽相同。Corona[9.20] 由多写单读总线构成光交叉开关,同一光总线上挂接多个发送节点和一个接收节点,接收节点在可接收数据时发送一个令牌,有数据发送需求的节点将捕获该令牌。Firefly 使用基于信道预约的多写单读总线构成数据网络,即在 SWMR 总线上挂接的唯一发送节点在发送数据之前,先通过控制网络广播通信请求信息,总线上的接收节点检查请求信息中的目的地址是否为本地地址,若匹配则调谐微环准备接收数据,否则保持微环为非调谐状态。QuT[9.13] 与 Amon[9.17] 引入了一种由多条 MWMR 光总线构成的控制网络实现接收器仲裁,每条光总线挂接所有发送节点及部分接收节点,控制网络中节点以指定的波长调制 Req-Ack 信息并在总线上广播,同一光总线上所有的接收节点将进行地址匹配。控制网络完成通信资源仲裁功能时,应尽可能减小功耗及延时开销,因此多数控制网络均采用无争用的光互连实现。由于光互连网络的一跳通信特征,流控信息常在源节点、目的节点间直接传送,这种全片范围内的分布式仲裁机制使得区域分组、波长复用等数据网络中的功耗优化方案不再适用,从而导致控制网络产生较大的功耗开销。

9.3.2 激光源功耗管理技术

降低网络直径只是减少了通信路径上的最大插入损耗,但不同通信的路径损耗存在差异,根据最大插入损耗进行功率供给依然会造成载波功率浪费。基于通信距离动态实时地调整载波功率不仅可以解决光片上网络静态功耗较大的问题,还可以使光通信功耗依据通信距离进行动态伸缩。目前已有的激光源功耗管理方案大致有载波共享、带宽重构及在线功耗管理 3 种不同的技术路线。

在实际应用中,通信仅存在于有限的节点对之间,依据最大通信并发度提供光互连带宽显然会造成功耗浪费,载波共享可用于解决有限通信并发度下的带宽利用问题。例如,文献[9.21]提出的 Laser Pooling 机制及文献[9.22]提出的 Laser Sharing 机制。由于不同应用中数据通信的时空分布特性存在较大差异,固定的光互连带宽供给将导致通信链路利用不足。带宽重构机制用于动态解决通信负荷与通信带宽不匹配导致的能效问题。例如,文献[9.23]动态地将链路利用较低的分组带宽分配给较为拥塞的分组,文献[9.24]通过二叉树功率分支器依据预测的网络负荷动态关闭部分通信链路。

不同通信的路径损耗存在差异,依据最大插入损耗进行功率供给无疑造成载波功率浪费,且无法通过带宽重构加以解决。文献[9.25]针对上述问题,采用半导体激光放大器(semiconductor optical amplifie,SOA)设计了激光源功耗在线管理机制,依据通信的路径损耗确定放大增益。片上激光放大器 SOA[9.26]通过与驱动电流成正比的增益实现光信号的宽带放大,有效区域长度与工作电压可以分别设计为 $15\mu m$ 与 $1.5 V$,而延时开销最多为 $50 ps$[9.25],这使得光片上网络的实时在线功耗管理机制成为可能。文献[9.25]基于 MWMR 光总线结构,采用 SOA 设计了激光源功耗在线管理机制,但由于拓扑的限制,SOA 增益控制器远离光总线的发送节点,这使得 SOA 增益控制无法在本地完成。事实上,在载波共享的光互连网络中,多个节点共享一个 SOA 增益控制器,均存在类似的困境。SOA 增益控制的控制粒度是一个数据包,这种全局性的增益控制信息传输无疑会增加额外的控制开销,拓扑设计时应充分考虑这一因素,允许 SOA 增益控制在本地完成。

综上,载波共享是激光源功耗管理的静态解决方案,与光互连网络的拓扑结构密切相关,而带宽重构与在线功耗管理则是动态解决方案,能够适应差异的通信需求。带宽重构依赖于链路通信的时间分布特性,仅适用于通信负荷较低的情形,且需要引入复杂的预测机制来判断通信流的连续性,以降低频繁带宽重构操作带来的额外性能开销。在线功耗管理依赖于通信流的通信距离,较易实现在线实时计算,且适用于所有通信负荷。

9.4　光片上网络的仿真

9.4.1　NoC 建模工具 DSENT

在 Noxim、Booksim 等周期精确的行为级仿真环境中,静态能耗随着仿真周期数累加,动态能耗则由各个组件处理单个微片的能耗乘以数据处理量获得。数据处理量常通过周期精确的行为级仿真获得,而各个组件在单个周期内的静态能耗和处理单个微片的动态能耗则需要使用类似 DSENT 模型工具,基于工艺参数和工艺模型提取后内嵌于仿真软件中。DSENT 可以完成片上网络电互连和光互连组件延时、面积、能耗等物理参数的提取。DSENT 的基本框架如图 9.4 所示。

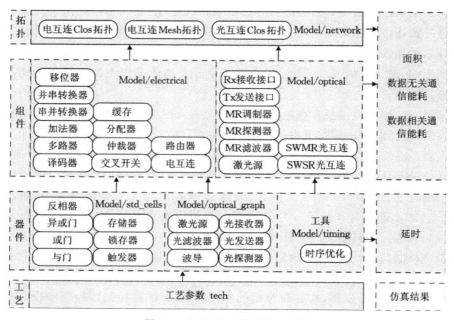

图 9.4　DSENT 层次化设计框架

DSENT 采用模块化、层次化设计，基于工艺参数抽象器件模型，通过基本器件构建互连网络基本组件，再由基本组件构建互连拓扑。当已有的组件和拓扑无法满足仿真需求时，用户需要构建符合自己设计理念的互连组件或拓扑结构。DSENT 采用 C ＋＋编写，运行于 Linux 操作系统。开发者测试过的开发环境包括：Linux GNU g＋＋4.4.5 和 glibc 2.11.3、Cygwin g＋＋4.5.3 和 cygwin 1.7.14。下文将以 Cygwin 为开发环境，介绍 DSENT 的安装和使用过程。

（1）将源文件复制到 Cygwin 的 home 文件夹下：D:\cygwin\home\lenovo\dsent0.91，其中 lenovo 为作者使用的用户名。

（2）输入下述命令切换路径并编译。

输入命令:cd dsent0.91

输入命令:make

（3）使用下述命令运行程序，其中，router.cfg 是参数配置文件，在 configs 文件夹下有多个配置文件的示例。仿真结果如图 9.5 所示。

输入命令:./dsent -cfg ./configs/router.cfg

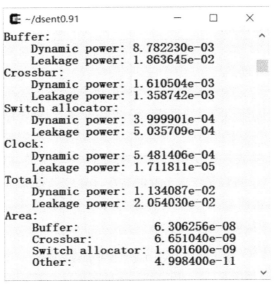

图 9.5　DSENT 运行结果

使用者可以通过学习这些配置文件示例，依据仿真意图编写自己的配置文件。被评估的模块、参数的配置、仿真结果的设置与显示均在配置文件中指定。为了方便读者理解，以下对光互连链路示例配置文件 photonic-link.cfg 的主要配置参数进行解读，如表 9.2 所示。

表 9.2　photonic-link.cfg 中的主要配置参数

参数名	含义
ModelName	被评估的模块名
QueryString	指定评估的性能参数
InjectionRate	注入率
EvaluateString	计算参量
ElectricalTechModelFilename	电子器件工艺参数文件名
PhotonicTechModelFilename	硅光器件工艺参数文件名
NumberBits	互连链路位宽
CoreDataRate	处理器时钟频率
LinkDataRate	互连链路时钟频率

续表9.2

参数名	含义
InsertionLoss	插入损耗
ExtinctionRatio	消光比
LaserType	激光源类型
RingTuningMethod	微环调谐方法
Length	波导长度

其中,QueryString 可以指定多个性能参数,用"\"分行隔离,每个性能参数的基本语法为"类型＞＞实例名:子类型@详尽等级"。photonic-link.cfg 中 QueryString 指定的参数及含义如表9.3 所示。

表 9.3　QueryString 中性能参数及含义

指定性能参数	含义
QueryString＝\	
Energy＞＞SWSRLink:Send@1 \	单位比特发送能耗
NddPower＞＞SWSRLink:Leakage@0 \	静态功耗中有源器件的泄漏功耗
NddPower＞＞SWSRLink:RingTuning@0\	静态功耗中的微环调谐功耗
NddPower＞＞SWSRLink:Laser@0 \	静态功耗中的激光源功耗
Area＞＞SWSRLink:Active@0 \	有源电子器件的面积
Area＞＞SWSRLink:Photonic@0 \	硅光器件的面积

在表 9.3 中,所有参数指向的实体或模块均是 SWSRLink,实体允许层次化结构指定,如实体名为"Router－＞Crossbar"就是指路由器中交叉开关。不同详尽等级下输出的计算结果是不同的,详尽等级大于 0 时,将显示各子模块对应的性能参数,如图 9.6 所示。

当所有性能参数的详尽等级设置为 0 时,每个参数输出的是整个模块的统计值,而当 Energy 的详尽等级设置为 1 时,对应的输出包括 4 项:发送端处理单位比特数据的能耗、接收端处理单位比特数据的能耗、微环调制单位比特数据的能耗及光探测器接收单位比特数据的能耗。

```
~/dsent0.91                                                              -  □  ×
lenovo@DESKTOP-4133BFN ~/dsent0.91
$ ./dsent -cfg ./configs/photonic-link.cfg
Energy>>SWSRLink:Send = 3.25718e-12 (3.25718e-12 * 1)
NddPower>>SWSRLink:Leakage = 0.00104435 (0.00104435 * 1)
NddPower>>SWSRLink:RingTuning = 0.00795225 (0.00795225 * 1)
NddPower>>SWSRLink:Laser = 0.000625675 (0.000625675 * 1)
Area>>SWSRLink:Active = 5.40471e-09 (5.40471e-09 * 1)
Area>>SWSRLink:Photonic = 5.28e-08 (5.28e-08 * 1)
```

（a）所有参数详尽等级设置为0时的输出

```
选择~/dsent0.91                                                          -  □  ×
$ ./dsent -cfg ./configs/photonic-link.cfg
Energy>>SWSRLink:Send->OpticalLinkBackendTx:ProcessBits = 1.06967e-12 (1.06967e-12 * 1)
Energy>>SWSRLink:Send->OpticalLinkBackendRx:ProcessBits = 1.00933e-12 (1.00933e-12 * 1)
Energy>>SWSRLink:Send->Modulator:Modulate = 4.1081e-13 (4.1081e-13 * 1)
Energy>>SWSRLink:Send->Detector:Receive = 7.67374e-13 (7.67374e-13 * 1)
```

（b）Energy详尽等级设置成1时的输出

图 9.6　不同详尽等级下的输出

9.4.2　全系统仿真环境 JADE

JADE 是周期精确的基于事件驱动的全系统仿真环境,内部集成了处理器子系统、存储子系统和互连子系统,可用于评估和验证电互连和光互连片上网络架构、存储器架构、处理器架构和 Cache 一致性协议,生成仿存轨迹、系统行为轨迹,支持功耗和性能分析。JADE 基于 COSMIC 测试集提供应用模型,有两种模式:统计模式和实录模式。统计模式是对原始应用的模拟,而实录模式则是使用应用的真实轨迹和执行时间进行仿真。

JADE 的安装过程和外部依赖环境已在其使用说明书中详细介绍,本书不再赘述。JADE 涉及众核片上系统的诸多环节,内容十分广泛。对于互连架构设计者而言,重点关注其电互连和光互连的实现方式即可。图 9.7 中对相关互连组件及其关系进行了描述,用户可根据每个模块的功能,构建自己的互连拓扑结构。

JADE 中电路由器的基本结构与 Booksim 中十分类似,各个路由器的端口可以连接相邻的路由器,也可以连接多个处理器核形成分簇结构。当网络中存在光互连时,电路由器其中一个端口与光互连接口相连。所有从簇内接收的信息都存储在 toSendOpticalBuf 中,所有从光互连中接收的信息都存储在 toClusterBuf 中,再提交给簇内的处理器核。光互连接口向仲裁器发送请求信号,仲裁器中簇管理器检查目的节点是否空闲,若空闲则返回确认信息。

需要注意的是,在被动型光片上网络中采用静态路由,一旦目的节点没有冲突,数据即可直接从源光节点传送至目的光节点。因此,JADE 中并没有对波导建模,而是直接将数据从源节点的 toSendOpticalBuf 转移至目的节点的 toClusterBuf 中。为

了使行为仿真更加精确,可以先基于源节点、目的节点间的距离计算数据包在波导中的传输延时,然后再触发数据包在不同缓存间的转移操作。

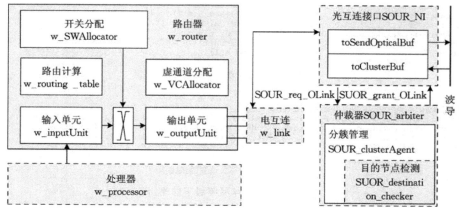

图 9.7　JADE 中的互连组件

9.5　本章小结

本章介绍了硅光器件工艺及光片上网络的设计要素。与电互连片上网络相比,光片上网络的主要设计问题在于激光源和微环调谐带来的与数据无关的通信功耗。由于光互连仅在远距离通信时才有优势。在保证光链路发挥优势的前提下,减少光互连节点数目,构成光电混合的片上网络是一个优化方向。本书第 10 章将对这一研究方向及形成的解决方案进行详细介绍。

9.6　参考文献

［9.1］Bashir J,Peter E,Sarangi S R.A survey of on-chip optical interconnects［J］.ACM Computing Surveys,2019,51(6):1-34.

［9.2］Moser P,Lott J A,Wolf P ,et al.56 fJ dissipated energy per bit of oxide-confined 850nm VCSELs operating at 25 Gbit/s［J］.Electronics Letters,2012,48(20):1292-1294.

［9.3］Sato T,Takeda K,Shinya A,et al.Photonic crystal lasers for chip-to-chip and on-chip optical interconnects［J］.IEEE Journal of Selected Topics in Quantum Electronics,2015,21(6):728-737.

［9.4］Bai Y,Bandyopadhyay N,Tsao S, et al. Room temperature quantum cascade lasers with 27% wall plug efficiency[J].Applied Physics Letters,2011,98 (18):125017.

[9.5] Killge S,Neumann N,Plettemeier D,et al.Optical through-silicon vias [J].3D Stacked Chips:From Emerging Processes to Heterogeneous Systems,2016: 221-234.

[9.6] Poon A W,Luo X,Xu F,et al.Cascaded microresonator-based matrix switch for silicon on-chip optical interconnection[J].Proceedings of the IEEE,2009, 97(7):1216-1238.

[9.7] Min R,Ji R,Chen Q,et al.A universal method for constructing N-Port nonblocking optical router for photonic Networks-on-Chip[J].Journal of Lightwave Technology,2012,30(23):3736-3741.

[9.8] Ramini L,Grani P,Bartolini S,et al.Contrasting wavelength-routed optical NoC topologies for power-efficient 3D-stacked multicore processors using physical-layer analysis[C]//Proceedings of the Design,Automation & Test in Europe Conference & Exhibition.Grenoble:EDAA/ACM,2013:1589-1594.

[9.9] Demir Y,Hardavellas N.Parka:Thermally insulated nanophotonic interconnects[C]//Proceedings of the International Symposium on Networks on Chip.Vancouver:IEEE,2015:1-8.

[9.10] Li C,Browning M,Gratz P V,et al.LumiNOC:A power-efficient,high-performance,photonic network-on-chip[J].IEEE Transactions on Computer-Aided Design of Integrated Circuits and Systems,2014,33(6):826-838.

[9.11] Sun C,Chen C H O,Kurian G,et al.DSENT-A tool connecting emerging photonics with electronics for opto-electronic networks-on-chip modeling [C]//Proceedings of the 6th IEEE/ACM International Symposium on Networks-on-Chip.Copenhagen:IEEE,2012:201-210.

[9.12] Lipson M.Guiding,modulating,and emitting light on silicon-Challenges and opportunities[J].Journal of Lightwave Technology,2005:23(12):4222-4238.

[9.13] Hamedani P K,Jerger N E,Hessabi S.QuT:A low-power optical Network-on-Chip[C]//Proceedings of the IEEE/ACM International Symposium on Networks-On-Chip.Vancouver,IEEE,2015:80-87.

[9.14] Chen Z,Gu H,Yang Y,et al.Low latency and energy efficient optical network-on-chip using wavelength assignment[J].IEEE Photonics Technology Letters,2012,24(24):2296-2299.

[9.15] Koohi S,Hessab S.All-optical wavelength-routed architecture for a power-efficient network on chip[J].IEEE Transactions on Computers,2014,63(3): 777-792.

[9.16] Chen Z,Gu H,Yang Y,et al. A hierarchical optical network-on-chip using central-controlled subnet and wavelength assignment[J].Journal of Lightwave Technology,2014,32(5):930-938.

[9.17] Werner S,Navaridas J,Lujan M.Amon:advanced mesh-like optical NoC [C]//Proceedings of the IEEE 23rd Annual Symposium on High-Performance Interconnects.Santa Clara:IEEE,2015:52-59.

[9.18] Morris R W,Kodi A K,Louri A, et al. Three-dimensional stacked nanophotonic network-on-chip architecture with minimal reconfiguration[J].IEEE Transactions on Computers,2014,63(1):243-255.

[9.19] Li C,Browning M,Gratz P V,et al.LumiNOC:A power-efficient,high-performance,photonic network-on-chip[J].IEEE Transactions on Computer-Aided Design of Integrated Circuits and Systems,2014,33(6):826-838.

[9.20] Vantrease D, Schreiber R, Monchiero M, et al. Corona: system implications of emerging nanophotonic technology [C]//Proceedings of the International Symposium on Computer Architecture.Beijing:IEEE,2008:153-164.

[9.21] Kennedy M,Kodi A K.Laser pooling:static and dynamic laser power allocation for on-chip optical interconnects[J].Journal of Lightwave Technology, 2017,35(15):3159-3167.

[9.22] Chen C,Abellan J L,Joshi A.Managing laser power in silicon-photonic NoC through cache and NoC reconfiguration[J].IEEE Transactions on Computer-Aided Design of Integrated Circuits and Systems,2015,34(6):972-985.

[9.23] Pasricha S,Dutt N. ORB:An on-chip optical ring bus communication architecture for multiprocessor systems-on-chip[C]//Proceedings of the Design Automation Conference.Anaheim:ACM/IEEE,2008:789-794.

[9.24] Zhou L,Kodi A K.PROBE:Prediction-based optical bandwidth scaling for energy-efficient NoCs[C]//Proceedings of the 7th IEEE/ACM International Symposium on Networks on Chip.Tempe:IEEE,2013:1-8.

[9.25] Thakkar I G,Chittamuru S V R,Pasricha S. Run-time laser power management in photonic NoCs with on-chip semiconductor optical amplifiers[C]// Proceedings of the 10th IEEE/ACM International Symposium on Networks-on-chip.Nara:IEEE,2016:1-4.

第 10 章　基于加速网的光电混合片上网络设计

10.1　光电混合 NoC 设计问题

Passive ONoC 的静态功耗与光互连网络内的节点数目密切相关。光节点数目越多,用于寻址的载波数目及光功率波导越多,用于光调制、光偏转及光滤波的微环越多,激光源功耗与微环调谐功耗就越大。光电混合片上网络的主要设计问题是,如何对光互连链路与电互连链路进行混合,以充分发挥其各自的延时与功耗优势。

按照光电链路的混合方式,已有的光电混合片上网络相关研究工作大致可以分为分簇结构和非分簇结构。分簇结构将距离分布较近的节点聚合于簇内,并采用电交叉开关连接,而簇与簇之间则通过光互连通信,为全局通信提供高速低耗的通信路径,如 Corona[10.1]、PROPEL[10.2]、FlexiShare[10.3]、ORB[10.4]、OCMP[10.5] 及 Firefly[10.6]等。由于混合方式固定,基于电互连的局部通信只能在簇内进行。

非分簇结构具体分为两种形态:一种是基于低直径的电片上网络拓扑,将部分长连接使用光互连替代,形成光电混合互连结构,如 Photonic Clos[10.7]、Photonic BFT[10.8] 及类似于电 Mesh 结构的 LumiNOC[10.9] 与 Lego[10.10],该类网络的性能优化受拓扑结构本身特征的约束。Photonic Clos[10.7] 中的 Ingress Stage 与 Egress Stage 使用电路由器,而中间级路由器使用光互连全局交叉开关实现;Photonic BFT[10.8] 基于 BFT 拓扑自身的结构特征将根节点的通信定义为全局通信,采用无源非阻塞光交叉开关 GWOR 作为树形结构中的根节点,实现顶层全局通信;Lego[10.10] 中相邻节点间使用电互连实现局部通信,而 Mesh 行或列内的节点则用不同的光互连子网互连在一起,当通信跳数大于 1 时以 XY 路由在光互连链路或光电链路混合路径上实现数据传输。显然,该类混合架构中的光、电链路混合方式依赖于拓扑自身的结构特点,而并非基于电互连链路与光互连链路的功耗与延时特性进行优化设计,因此无法充分发挥两种互连各自的优势。

另一种非分簇形态是基于光加速网络的混合片上网络,即保留电片上网络的完整性,通过构建辅助的光互连网络(即加速网)为全局通信提供高速、低耗的传输路径,如 OPAL[10.11]、ATAC[10.12] 及 METEOR[10.13]。由于保留了原有电互连网络通信与完整性,任意节点的通信均可在电网络与光网络中传输,这为数据流依据延时及能耗特性选择电互连或光互连通信提供了物理基础。

文献[10.12]提出了一种 1000-core 光电混合片上网络 ATAC,由 ENET、ONET 及 BNET 这 3 个互连子网组成。ENET 为电互连网络,采用 Mesh 拓扑结构,实现局部通信。当通信距离较远时,数据包将首先经 ENET 传输至 Hub,然后经光互连网络 ONET 到达目的 Hub,最后经广播网络 BNET 发送至目的节点。ATAC 中将 16 个节点划分为一组,每组中心设置一个 Hub,但在提供双重通信路径的情况下,并没有讨论特定数据流是选择 ENET 还是 ONET 进行通信。

文献[10.13]提出了一种 Ring-Mesh 混合片上网络 METEOR,由 2D Mesh 电连接的片上网络与可重构的环形光网络构成。互连节点被划分为几个光互连通信区域(photonic region of influence,PRI),每个 PRI 中设置一个网关,并通过波导实现互连。当源节点、目的节点在同一 PRI 中时使用电网络通信,当源节点、目的节点不在同一 PRI 中,且源节点到 PRI 网关的通信跳数少于到目标节点跳数时使用光互连通信。METEOR 中同一 PRI 区域内各节点距离 PRI 网关的距离并不均等,从而使得经由 PRI 网关实现光互连通信的额外开销存在较大差异。

事实上,数据无关通信功耗是光互连链路的主要能耗来源,并随着光节点数量的增加呈非线性增长,过多的光互连节点将会带来较大的能耗开销。受有限片上功耗预算的约束,所构建的光互连加速网络不应是电互连网络的对应覆盖;而随机分布的有限光互连节点,又不利于各资源节点对光互连链路带宽的均衡利用,从而降低整个互连系统的性能。因此,光节点的布局是基于加速网的光电混合片上网络的关键设计问题。

本章将基于线性整数规划(linear integer programming,LIP)算法对光电混合互连网络中的光节点的局部进行优化设计,并依据光互连与电互连链路各自的延时模型与功耗模型设计自适应路由以动态选择通信路径,相应的光电混合互连架构称为 HEO_NC。

10.2　基于加速网的光电混合片上网络互连架构

基于加速网的光电混合片上网络互连架构如图 10.1 所示,该架构由光互连层、光电接口层及功能器件层组成。其中光互连层集成了加速网络中的微环谐振器与波导等硅光互连器件,用于光信号的调制、传输与探测;光电接口层集成了光电转换器、电光转换器及用于加热的电触点;功能器件层集成了处理器单元及电路由器单元。处理器单元通过 2D Mesh 电网络实现互连,以提高电互连网络的可扩展性,并保证电互连在任意相邻节点间的连通性,从而更好地支持相邻节点的局部通信。由于功能器件层能耗较大,而光互连层的微环需要通过加热调谐,为了加强功能器件层散热效果,并避免微环调谐功耗浪费,将功能器件层靠近散热器,而光互连层远离散热器。

电互连网络中的部分路由节点为桥接路由单元,用于将电 Mesh 子网中传输的信号转发至光互连子网。桥接路由单元除具有东、西、南、北、本地 5 个端口实现电 Mesh 网络的互连外,还额外增加了一个垂直端口,基于 TSV 实现电网络与光网络之间数据的转发。桥接路由单元是电互连与光互连通信转换的桥梁,其在水平面内的位置与光互连节点的位置相同。由于光互连网络的数据位宽常低于电网络,桥接路由单元的垂直端口中增加了并/串转换(parallel/serial conversion,P/S)与串/并转换(serial/parallel conversion,S/P),以实现两种互连链路的位宽匹配。

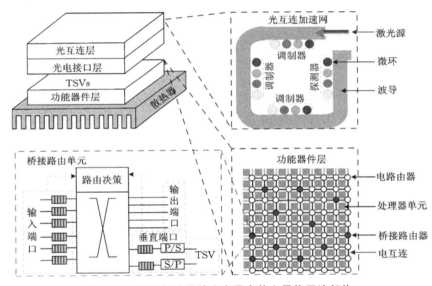

图 10.1　基于加速网的光电混合片上网络互连架构

在光互连层中,各个光节点通过多写单读(MWSR)光总线互连,实现光互连网络中的一跳通信,避免了波导交叉带来的额外光功率损耗;同时,光节点(即桥接路由器)在布局优化后呈非规则分布,使用光总线实现互连更加方便灵活。对于 N 个节点的光互连网络,共需要 N 条 MWSR 光总线,每条光总线实现(N-1)个发送节点与一个接收节点间的通信。请求-应答协议用于实现光总线中多个发送节点对同一接收节点的争用仲裁,即节点发送数据前首先向接收节点发出请求,收到确认信息后方可发送数据。

在上述基本互连架构下,本章重点讨论两个问题:

(1) 光互连加速网中的光节点越多,提供的光互连通信带宽越大,激光源及微环调谐产生的静态功耗也就越大。在特定功耗预算下,光互连节点的数目是有限的,那么该如何对这些有限的光互连节点进行合理布局,使光电混合片上网络的通信性能达到最高?

（2）基于加速网的光电混合片上网络,任意两节点间都提供了电互连与光互连双重通信路径。对于特定的通信数据,如何有效区分局部通信与全局通信,进而作为选择电互连还是光互连通信路径的依据?

10.3 拓扑优化

10.3.1 问题的提出

基于加速网的光电混合片上网络,多个资源节点共享一个桥接路由器,用于实现全局通信数据在光互连网络中的转发与接收。全局通信经过部分电互连路径到达桥接路由节点,从而与局部通信在桥接路由节点附近形成带宽争用。桥接路由节点(即光互连节点)的布局对于降低电互连网络中全局通信与局部通信间的带宽竞争具有重要作用。图 10.2 展示了 8×8 Mesh 网络中两种不同的光节点布局方法。

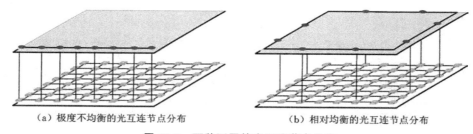

(a) 极度不均衡的光互连节点分布   (b) 相对均衡的光互连节点分布

图 10.2　两种不同的光互连节点分布

在图 10.2(a)中,一个资源节点可能需要 1～7 跳才能到达桥接路由节点进行光互连通信,这不仅会增加电互连网络中混合路由节点附近的链路拥塞,还会增加全局通信的延时开销。相比之下,图 10.2(b)所示的节点分布相对均衡,资源节点到桥接路由节点间的距离不超过 4 跳,全局通信在电互连网络中的通信负荷相应减小。本节将探讨在任意给定的拓扑下寻找光节点的最佳布局,以满足下述两个需求:

（1）每个资源节点在给定的跳数之内至少可以到达一个桥接路由单元。

（2）在满足条件(1)的前提下,应尽可能减少互连网络中的桥接路由节点(即光节点)。

10.3.2 问题的形式化描述

对于给定 $m \times n$ Mesh 拓扑 $T_{m \times n}$,定义桥接路由节点集合 X,节点 n_k 的类型为

x_k，节点 n_i 到 n_j 的曼哈顿距离为 d_{ij}。若节点 n_k 为桥接路由节点，则 x_k 设置为 1，否则设置为 0。

$$x_k = \begin{cases} 1, & n_k \in X \\ 0, & n_k \notin X \end{cases} \tag{10.1}$$

若允许任意节点到桥接路由节点的最大距离为 $d_{\max}$，则节点 n_k 搜索桥接路由节点的区域 R_k 可以表示为：

$$R_k = \{ n_k \mid d_{mk} \leqslant d_{\max} \} \tag{10.2}$$

式中，d_{mk} 代表节点 n_k 到桥接路由节点的距离。

当 $d_{\max} = 2$ 时，节点 n_k 的搜索区域如图 10.3 所示。

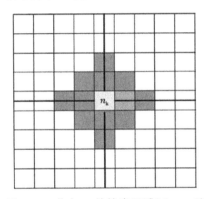

图 10.3　节点 n_k 的搜索区域（$d_{\max} = 2$）

根据所在的象限，搜索区域可以进一步分为 4 个子域，在第一象限子域中搜索到的桥接路由节点可以抽象为：

$$S_1 = \sum_{j=i}^{q_1} \sum_{i=0}^{p_1} x_{k-i*m-j} \geqslant 1 \tag{10.3}$$

其中，$p_1 = \min(k/m, d_{\max})$，$q_1 = \min(d_{\max} - i, m - k \% m)$。

在第二象限子域、第三象限子域、第四象限子域中搜索到的桥接路由节点可以抽象为：

$$S_2 = \sum_{j=i}^{q_2} \sum_{i=0}^{p_2} x_{k-i*m-j} \geqslant 1 \tag{10.4}$$

$$S_3 = \sum_{j=i}^{q_3} \sum_{i=0}^{p_3} x_{k+i*m-j} \geqslant 1 \tag{10.5}$$

$$S_4 = \sum_{j=i}^{q_4} \sum_{i=0}^{p_4} x_{k+i*m-j} \geqslant 1 \tag{10.6}$$

其中，$p_2 = \min(k/m, d_{\max})$，$q_2 = \min(d_{\max} - i, k \% m)$，$p_3 = \min(n - k/m, d_{\max})$，$q_3$

$=\min(d_{\max}-i,k\%m)$，$p_4=\min(n-k/m,d_{\max})$，$q_4=\min(d_{\max}-i,m-k\%m)$。

基于式（10.3）～式（10.6），每个节点在 $d_{\max}$ 跳内找到一个桥接路由节点的优化需求可抽象为：

$$S_1+S_2+S_3+S_4\geqslant 1 \tag{10.7}$$

尽可能减小桥接路由节点数目的优化需求可抽象为：

$$f=\sum_{i=0}^{m\times n}x_i\geqslant 1 \tag{10.8}$$

在给定拓扑下找到桥接路由节点的最佳布局是一个 NP-Hard 问题，HEO_NC 以式（10.7）为约束条件，以式（10.8）为优化目标，采用线性整数规划算法对混合路由节点的最佳布局进行求解。

10.3.3　拓扑优化结果

本章采用 LIP 软件求解器 LINGO（Linear Interactive and General Optimizer）对 10.3.2 节描述的优化问题进行了求解。表 10.1 给出了当 $d_{\max}$ 设置为 1 时，不同拓扑规模下桥接路由节点的优化布局结果，其中包括桥接路由节点的数目及其在 2D Mesh 平面内的位置。

表 10.1　桥接路由节点（光节点）的优化布局结果（$d_{\max}=1$）

拓扑规模	桥接路由节点总数	桥接路由节点位置
8×8	16	4 7 9 10 15 21 27 32 33 38 44 50 55 56 58 61
10×10	24	2 6 8 14 20 21 27 33 35 39 41 47 54 60 62 66 68 74 80 81 87 93 95 99
12×12	35	2 5 10 14 19 20 24 28 33 37 42 47 51 56 63 65 70 72 73 79 81 88 95 98 102 104 112 118 120 121 127 135 137 141 143
14×14	47	3 5 9 12 15 21 28 30 32 37 38 39 48 55 57 59 64 68 75 80 84 86 91 95 102 107 111 113 118 123 129 134 140 143 145 150 152 155 161 168 172 177 179 184 188 191 195
16×16	60	1 5 8 11 15 19 24 9 33 37 42 47 48 52 55 61 66 68 733 78 86 91 96 97 99 104 109 117 122 127 130 135 140 148 153 158 160 161 166 171 179 184 189 191 195 197 202 205 209 215 219 224 228 233 238 242 246 249 252 256

基于表 10.1 所示的优化结果，8×8 拓扑与 10×10 拓扑中桥接路由器（即光节

点)的布局如图 10.4 所示,其中标注了每个节点 1 跳之内可搜索到的桥接路由节点(颜色较深的路由节点)。

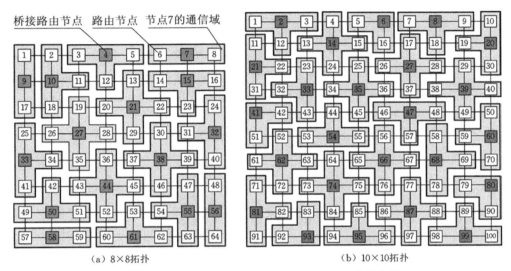

图 10.4　桥接路由器(光节点)在 2D NoC 平面中的位置

桥接路由器 1 跳之内的资源节点构成该桥接路由节点的通信域,通信域内所有资源节点在进行全局通信时,将首先经电互连转发至桥接路由器,再进行光互连通信。以图 10.4(a)所示 8×8 拓扑为例,当节点 1 经光互连网络向节点 64 发送数据时,首先将数据发送至节点 1 所在通信域内的桥接路由器 9,然后经光互连传输到目的节点所在通信域内的桥接路由器 56,最终到达目的节点 64。

10.4　信息分流机制

在基于加速网的光电混合片上网络中,为全局通信与局部通信分别提供了光互连与电互连通信路径,HEO_NC 首先依据通信数据包在不同通信路径下的能耗与延时确定其类型,然后基于数据类型实现信息分流。

10.4.1　能耗模型与延时模型

若数据包在电互连中传输,则其传输延时与功耗的计算将与传统二维电片上网络相同;若数据包通过光互连传输,由于拓扑中没有实现光互连节点的全覆盖,相应的通信延时与功耗来源包含光互连链路和源节点、目的节点与其最近的桥接路由器间的电互连链路两部分。

令数据包由源节点 N_S 传输至目标节点 N_D，则在最短路径路由下，$m \times n$ Mesh 拓扑电网络中传输的跳数可表示为：

$$H = |N_D/m - N_S/m| + |N_D\%m - N_S\%m| \tag{10.9}$$

其在电网络中产生的传输能耗 E_E 可表示为：

$$E_E = [E_R(H+1) + E_L H]N_{bit} \tag{10.10}$$

式中　E_R——单位比特数据电互连网络中传输 1 跳，在电路由中产生的能耗；

　　　E_L——单位比特数据电互连网络中传输 1 跳，在电互连线中产生的能耗；

　　　N_{bit}——通信包的数据比特数。

当数据包在光互连路径中传输时，在整个通信路径上产生的能耗 E_O 可表示为：

$$E_O = [E_R(H_S + H_D + 2) + E_L(H_S + H_D) + E_{OI} + E_{IO}]N_{bit} \tag{10.11}$$

式中　H_S——源节点到其通信域内桥接路由节点的跳数；

　　　H_D——目的节点到其通信域内桥接路由节点的距离；

　　　E_{OI}——单位比特数据在光电接口单元产生的能耗；

　　　E_{IO}——单位比特数据在电光接口单元产生的能耗。

类似地，数据包在电互连传输路径下的零负荷延时 D_E 与光互连传输路径下产生的零负荷延时 D_O，可分别表示为：

$$D_E = D_R(H+1) + L \tag{10.12}$$

$$D_O = D_R(H_S + H_D + 2) + D_{OL} + L \tag{10.13}$$

式中　D_R——数据在电互连中转发 1 跳的传输延时；

　　　D_{OL}——光互连中的传输延时，含电/光与光/电接口单元的延时、波导传输延时及光互连流控延时；

　　　L——被传输数据包中的 Flit 数。

10.4.2　信息分流机制

HEO_NC 在光链路中产生的能耗与零负荷延时优于在电链路中产生的能耗与零负荷延时，其数据包定义为全局通信，即：

$$(E_O < E_E) \& (D_O < D_E) \tag{10.14}$$

否则判定为局部通信。全局通信将在光互连路径中传输，局部通信将在电互连路径中传输。直接基于式(10.10)～式(10.13)，在线计算两种不同链路下的能耗与零负荷延时可能带来较大的硬件开销。首先基于式(10.10)～式(10.13)对满足式(10.14)的距离阈值进行估算，然后基于距离阈值判定数据流是全局通信还是局部通信。

基于式(10.10)与式(10.11)，单位比特数据在电互连链路与光互连链路传输产生的能耗差异 E_{E-O} 可表示为：

$$E_{E\text{-}O}=E_R\{H-(H_S+H_D)-1+k_{E\_L}[H-(H_S+H_D)]-k_{E\_O}\} \quad (10.15)$$

式中　$k_{E\_L}=E_L/E_E$，$k_{E\_O}=E_O/E_E$；

　　　k_{E_L}——电互连与电路由的能耗比；

　　　k_{E_O}——光互连与电路由的能耗比（为小数时，将其进位取整），与具体的工艺
参数相关。

当式（10.15）大于 0 时，可以认为数据包在光互连中传输具有功耗优势，即：

$$H-(H_S+H_D)>D_{E\_th} \quad (10.16)$$

式中，D_{E_th} 为功耗距离阈值，$D_{E\_th}=(1+k_{E\_O})/(1+k_{E\_L})$。

基于式（10.12）与式（10.13），数据在电互连链路与光互连链路传输产生的零负荷延时差异 $E_{E\text{-}O}$ 可表示为：

$$D_{E\text{-}O}=D_R[H-(H_S+H_D)-k_{D\_O}] \quad (10.17)$$

式中，$k_{D\_O}=D_{OL}/D_R$，为光互连延时与电路由 1 跳延时之比（为小数时，进位取整），与具体的互连架构相关。

当式（10.17）大于 0 时，可以认为数据包在光互连中传输具有延时优势，即：

$$H-(H_S+H_D)>D_{D\_th} \quad (10.18)$$

式中，D_{D_th} 为延时距离阈值，$D_{D\_th}=k_{D\_O}+1$。

通过距离阈值区分全局通信与局部通信的判据可表示为：

$$H-(H_S+H_D)>\max\{D_{E\_th},D_{D\_th}\} \quad (10.19)$$

本章基于式（10.19）采用距离差异的自适应路由实现全局通信与局部通信分流，如图 10.5 所示。算法执行过程分为两步。

步骤 1：在数据发送至网络之前，首先依据源节点、目的节点地址，确定通信数据类型；若是全局通信，则确定距源节点最近的桥接路由节点及距目的节点最近的桥接路由节点，由图 10.5 第 2～8 行描述。数据包类型的判定需要依据源节点、目节点间的曼哈顿距离 H，源节点距与其最近的桥接路由节点 G_s 的距离 H_S，目的节点与其最近的桥接路由节点 G_D 的距离 H_D 等基本信息。HEO_NC 采用图 10.6 所示策略用于上述信息的维护与计算。

其中，曼哈顿距离 H 依据式（10.9）在线计算得出；G_s 与 H_S 不随通信数据流的变化而变化，可以存储在本地；而 G_D 与 H_D 随通信数据流目的地址的不同而发生变化，需要动态计算。由于桥接路由节点的位置经优化算法优化后呈不规则分布，G_D 无法通过解析的方法计算得出；而直接将每个节点距离最近的桥接路由节点维护在一张拓扑表则会增加硬件开销。事实上，在 HEO_NC 混合互连架构中，同一通信域内的资源节点具有相同的桥接路由节点，因此有可能对拓扑信息表进行压缩。将桥

接路由节点的位置存储于拓扑表 T 中，数据包发送前先将目的节点 ID 映射为拓扑表的地址信息 Addr，然后从拓扑表 T 中读取目的节点对应的桥接路由节点 G_D。在该策略下，存储条目的数量与桥接路由节点的数量相同，而不是与资源节点的数量相同。

算法：距离差异的自适应路由算法

输入：Source(x_s, y_s)；Destination(x_d, y_d)；Current(x_c, y_c)；
　　　优化后的拓扑 T

输出：转发端口 dir

---

1. $G_S(x_{gs}, y_{gs})$=null；$G_D(x_{gd}, y_{gd})$=null；$e_x=d_x-c_x$；$e_y=d_y-c_y$

2. IF$(c_x=s_x)$AND$(c_y=s_y)$

3. | $H=|d_x-s_x|+|d_y-s_y|$；

4. | 基于拓扑 T 计算源桥接路由器 G_S 与目的桥接路由器 G_D

5. | 计算 H_S 与 H_D，基于式（10.19）判定数据包类型

6. | IF（数据包为全局通信）

7. | 　将 G_S 与 G_D 封装在头微片中；

8. END IF

9. IF $(e_x=0)$ AND $(e_y=0)$

10. | 数据转发方向 dir 设置为LOCAL；

11. ELSE IF（源桥接路由器 G_S 不为空）

12. | $e_x=x_{gs}-c_x$；$e_y=y_{gs}-c_y$

13. | IF $(e_x=0)$ AND $(e_y=0)$

14. | | 数据转发方向 dir 设置为UP；

15. | | 将数据包头微片中 G_S 设置为null；

16. | ELSE

17. | | 按XY路由确定数据转发方向 dir；

18. | END IF

19. ELSE

20. | 按XY路由确定数据转发方向 dir；

21. END IF

XY路由：

0_1 IF $(e_x !=0)$

0_2 | IF $(e_x>0)$　　转发方向 dir 设置为EAST；

0_3 | ELSE　　　　转发方向 dir 设置为WEST；

0_4 ELSE IF $(e_y !=0)$

0_5 | IF $(e_y>0)$　　转发方向 dir 设置为SOUTH；

0_6 | ELSE　　　　转发方向 dir 设置为NORTH；

0_7 END IF

图 10.5　距离差异的自适应路由算法

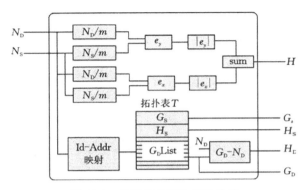

图 10.6　优化后的拓扑信息维护

在源节点,基于上述信息确定数据包类型,若数据包是全局通信数据包,则源节点所在通信域内的桥接路由节点 G_S 与目标节点所在通信域内的桥接路由节点 G_D 将封装在数据包的头微片中,以供路由节点完成路由决策。

步骤 2:在合适的通信路径中传输数据包,由图 10.5 第 9～21 行描述。路由器在转发数据包时,首先检查源桥接路由节点字段是否被设置,若未被设置则采用 XY 路由(由图 10.5 中 0_1 行至 0_7 行描述)在电网络中传输,直至到达目的地;否则,采用 XY 路由经电网络将数据包传输至源桥接路由节点 G_S,然后经光网络传输至目的桥接路由节点 G_D,最后采用 XY 路由在电网络中将其传输至目的节点。

10.5　性　能　仿　真

10.5.1　仿真参数设置

本节在周期精确的多核片上系统仿真环境 JADE[10.14] 中实现了基于 Mesh 拓扑的电片上网络(E_Mesh)、基于光总线的全光片上网络(O_Bus)、光节点优化布局后的光电混合片上网络(HEO_NC)及光节点布局未做优化的光电混合片上网络(HEO_NC_U)4 种 NoC 架构。在 8×8 拓扑规模与 10×10 拓扑规模及 Random 流量模型下,对其性能进行了对比仿真。

HEO_NC_U 中的光节点数目与 HEO_NC 相同,且 HEO_NC_U 采用与 HEO_NC 相同的路由算法实现全局通信与局部通信的信息分流,以在相同的光互连带宽及相同的信息分流机制下,评估光节点优化布局带来的性能收益。HEO_NC_U 采用图 10.2(b)所示相对均衡的光节点布局,将所有光节点放置在芯片边缘,以重点加速边缘节点的全局通信。在 8×8 拓扑规模及 10×10 拓扑规模下，HEO_NC_U 中光节点的通信域划分方法如图 10.7 所示。

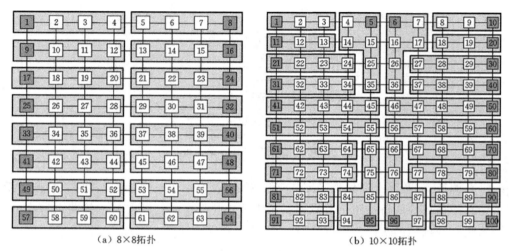

（a）8×8拓扑   （b）10×10拓扑

图 10.7　HEO_NC_U 中的光节点布局及其通信域划分

实验中其他仿真参数设置如表 10.2 所示。其中，光信号波特率与电互连通信时钟分别设置为 10Gb/s 与 2.5GHz，光互连位宽与电互连位宽分别设置为 32bits 与 128bits，以实现带宽匹配。

表 10.2　仿真参数设置

参数名	参数值
路由架构	四级流水线结构（RC-VA-SA-ST）
每个端口的虚通道	6 for E_Mesh,3 forHEO_NC
缓冲深度	5Flits
微片数据位宽	128bits
数据包长	4Flits
光互连接口缓冲	32Flits
时钟频率	2.5GHz
光信号波特率	10Gb/s
激光源波长数	32
光互连通信并发度	1
距离阈值	5 跳

E_Mesh 的路由器及 HEO_NC 与 HEO_NC_U 中的电路由器采用经典四级流水线架构(RC-VA-SA-ST)。E_Mesh 中路由器输入端口设置 6 个虚通道,HEO_NC 与 HEO_NC_U 中的电路由器则在每个端口设置 3 个虚通道。路由器的输入缓冲深度为 5 个 Flit,数据包长固定为 4 个 Flit。区分全局通信与局部通信的距离阈值设置为 5 跳。

10.5.2　通信性能对比

本组实验在 8×8 拓扑规模与 10×10 拓扑规模互连下对 4 种片上网络的吞吐率与延时性能进行对比。4 种拓扑的吞吐率对比如图 10.8 所示。由图 10.8 可以看出,HEO_NC 与 HEO_NC_U 相比,吞吐率性能得到明显改善,饱和吞吐率在 8×8 拓扑规模与 10×10 拓扑规模下,分别提升了 21.3% 与 5.7%。

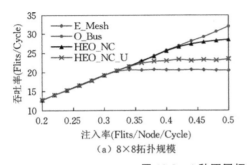
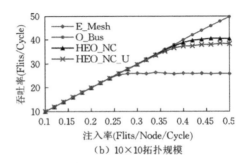

图 10.8　4 种不同拓扑结构的吞吐率对比

同时,两种基于加速网的光电混合片上网络的吞吐率性能明显优于 E_Mesh。在 8×8 拓扑规模与 10×10 拓扑规模下,E_Mesh 的饱和注入率分别为 0.32 与 0.24;而 HEO_NC 的饱和注入率分别为 0.5 与 0.46,且饱和注入率下的吞吐率分别提高了 39% 与 57%。4 种片上网络中,O_Bus 具有最好的吞吐率性能,这是由于 O_Bus 本质上是一个全局交叉开关,可以提供非常高的通信带宽。

4 种不同片上网络拓扑的延时性能对比如图 10.9 所示。与 HEO_NC_U 相比,HEO_NC 明显改善了互连网络的延时性能。在 8×8 拓扑规模与 10×10 拓扑规模下,观测窗口内,HEO_NC 的平均延时最多可分别减少 73% 与 83%,100 Cycles 延时对应的注入率分别扩展了 29% 与 11.7 %。这是由于光节点优化布局后,每个资源节点都可以在有限的跳数之内通过桥接路由器使用光互连实现全局通信,有效降低了全局通信与局部通信对电互连带宽的争用。

同时,两种混合拓扑结构相比于 E_Mesh 都具有较低的通信延时,在 8×8 拓扑规模与 10×10 拓扑规模下,HEO_NC 100 Cycles 延时对应的注入率分别扩展了

31％与58％。基于光总线的全光片上网络 O_Bus 延时最低,这是由于其为任意两点间提供了一跳通信,网络基本不会发生拥塞,通信延时主要由流控延时和光链路传输延时构成。

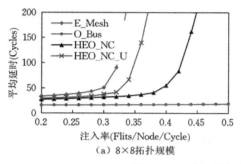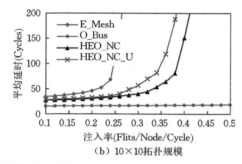

图 10.9　4 种不同拓扑结构的延时性能对比

10.5.3　单位比特能耗对比

在单位比特能耗对比实验中,首先使用功耗分析软件 DSENT[10.15] 提取了电互连组件与光互连组件的物理级功耗参数。与之相关的主要仿真参数设置如表 10.3 所示。其中,单核处理器边长为 1mm,电互连器件的功耗参数在 Bulk45LVT 工艺下提取,微环的热调谐方式设置为 Thermal With Bit Reshuffle,波导传输损耗、微环 Through 损耗及微环 Drop 损耗分别设置为 100dB/m、0.01dB 及 1dB。

表 10.3　DSENT 的参数设置

参数	设置值
处理器边长	1mm
电子器件工艺	Bulk45LVT
激光源类型	Standard
热调谐方式	Thermal With Bit Reshuffle
波导传输损耗	100dB/m
微环 Through 损耗	0.01dB
微环 Drop 损耗	1dB

4 种不同拓扑结构下的单位比特能耗对比结果如图 10.10 所示。由图 10.10 可知,两种光电混合拓扑的单位比特能耗相近,但存在差异。在 8×8 拓扑规模下,当网络趋于饱和时,HEO_NC 的单位比特能耗低于 HEO_NC_U;而在 10×10 拓扑规模

下,随着注入率的增大,两者的单位比特能耗趋同。

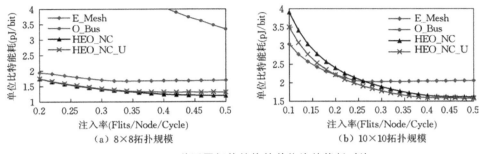

图 10.10　4 种不同拓扑结构的单位比特能耗对比

这是由于两种拓扑下光节点的布局不同,使得 HEO_NC 下波导的传输损耗略高于 HEO_NC_U,最终导致 HEO_NC 拓扑中激光源功耗高于 HEO_NC_U。在 8×8 拓扑规模下,两者的激光源功耗差异较小,因此在注入率较低时,其单位比特能耗相近;由于 HEO_NC 的饱和吞吐率较高,因此随着注入率的增大,其单位比特能耗逐渐低于 HEO_NC_U。在 10×10 拓扑规模下,由于两者的激光源功耗差异较大,因此在注入率较低时,HEO_NC 的单位比特能耗偏高。

同时,在 8×8 拓扑规模与 10×10 拓扑规模下,与 E_Mesh 相比,两种混合拓扑在网络饱和时具有较低的单位比特能耗,HEO_NC 单位比特能耗最多可分别减少29%与21%。在网络负荷较低时,100 节点 HEO_NC 的单位比特能耗要高于 E_Mesh 电网络,而在 64 节点网络中则不会出现这一情况。这是由于 100 节点 HEO_NC 中的光节点比 64 节点网络中多,从而导致光互连网络中由激光源与微环调谐引起的数据无关通信功耗较大,在通信负荷较低时,网络带宽没有得到充分利用。

此外,全光片上网络具有良好的吞吐率与延时性能(如图 10.8 与图 10.9 所示),但过度的带宽供给导致其能效最差。如图 10.10 所示,在 64 节点网络中,其单位比特能耗高出 E_Mesh 电网络数倍;而在 100 节点网络中,其单位比特能耗已超出观测范围。

10.6　本章小结

本章以基于加速网的光电混合片上网络为研究对象,采用线性整数规划算法对其中的光节点进行优化布局,确保所有资源节点在有限的跳数内至少可以找到一个桥接路由器进行光互连通信;同时提出了一种距离差异的自适应路由算法,对全局通信与局部通信进行数据分流,使其分别在各自的优势互连链路中传输。实验仿真结果表明,光节点的优化布局显著改善了基于加速网络的混合片上网络的性能。

10.7 参 考 文 献

[10.1] Vantrease D, Schreiber R, Monchiero M, et al. Corona: system implications of emerging nanophotonic technology [C]//Proceedings of the International Symposium on Computer Architecture.Beijing: IEEE,2008:153-164.

[10.2] Morris R, Kodi A K. Exploring the design of 64-and 256-core power efficient nanophotonic interconnect[J].IEEE Journal of Selected Topics in Quantum Electronics,2010,16(5):1386-1393.

[10.3] Pan Y, Kim J, Memik G. FlexiShare: channel sharing for an energy-efficient nanophotonic crossbar [C]//Proceedings of the IEEE International Symposium on High Performance Computer Architecture.Bangalore: IEEE,2010: 1-12.

[10.4] Pasricha S, Dutt N. ORB: An on-chip optical ring bus communication architecture for multiprocessor systems-on-chip[C]//Proceedings of the Design Automation Conference.Anaheim:ACM/IEEE,2008:789-794.

[10.5] Morris R W, Kodi A K, Louri A, et al. Three-dimensional stacked nanophotonic network-on-chip architecture with minimal reconfiguration[J].IEEE Transactions on Computers,2014,63(1):243-255.

[10.6] Pan Y, Kumar P, Kim J, et al. Firefly: Illuminating future network-on-chip with nanophotonics [C]//Proceedings of the 36th Annual International Symposium on Computer Architecture.Austin:ACM/IEEE,2009:429-440.

[10.7] Joshi A, Batten C, Kwon Y J, et al. Silicon-photonic clos networks for global on-chip communication[C]//Proceedings of the ACM/IEEE International Symposium on Networks-on-chip.San Diego:ACM/IEEE,2009:124-133.

[10.8] Tan X, Yang M, Zhang L, et al. A hybrid optoelectronic networks-on-chip architecture[J].Journal of Lightwave Technology,2014,32(5):991-998.

[10.9] Li C, Browning M, Gratz P V, et al. LumiNOC: A power-efficient, high-performance, photonic network-on-chip[J]. IEEE Transactions on Computer-Aided Design of Integrated Circuits and Systems,2014,33(6):826-838.

[10.10] Werner S, Navaridas J, Luján M. Designing low-power, low-latency networks-on-chip by optimally combining electrical and optical links [C]// Proceedings of the IEEE International Symposium on High Performance Computer Architecture.Austin:IEEE,2017:265-276.

［10.11］Pasricha S,Bahirat S.OPAL:a multi-layer hybrid photonic NoC for 3D ICs［C］//Proceedings of the IEEE Design Automation Conference.San Diego:ACM/ IEEE,2011:345-350.

［10.12］Kurian G,Miller J E,Psota J R,et al.ATAC:a 1000-core cache-coherent processor with on-chip optical network［C］//Proceedings of the 19th IEEE International Conference on Parallel Architecture and Compilation Techniques. Vienna:IEEE,2010:477-488.

［10.13］Bahirat S,Pasricha S.METEOR:Hybrid photonic ring-mesh network-on-chip for multicore architectures［J］.ACM Transactions on Embedded Computing Systems,2014,13(3s):1-33.

［10.14］Maeda R K V,Yang P,Wu X,et al.JADE:a heterogeneous multiprocessor system simulation platform using recorded and statistical application models［C］//Proceedings of the International Workshop on Advanced Interconnect Solutions and Technologies for Emerging Computing Systems.Prague:ACM/IEEE, 2016:1-6.

［10.15］Sun C,Chen C-H O,Kurian G,et al.DSENT-A tool connecting emerging photonics with electronics for opto-electronic networks-on-chip modeling ［C］//Proceedings of the 6th IEEE/ACM International Symposium on Networks-on-Chip.Copenhagen:IEEE/ACM,2012:201-210.